5Gでビジネスはどう変わるのか

クロサカタツヤ
Kurosaka Tatsuya

日経BP

5Gで
ビジネスは
どう
変わるのか

はじめに

「5Gでビジネスはどう変わりますか？」「5Gのビジネスチャンスは何ですか？」
筆者がコンサルタントとして日々さまざまな関係者と向かい合う中、ここ数年共通してよく聞かれる質問です。

5Gとは、次の世代（第5世代）の移動通信システムのことで、日本国内では2019年にプレサービスが開始され、2020年から本格的なサービス展開が始まります。5Gには超高速、低遅延、多数同時接続という技術的な特徴があり、これまでにないような新しいサービスが生まれるのではないか、企業にとって千載一遇のチャンスになるのではないかと期待も高まっています。それゆえ、5Gの普及に合わせて新しい事業開発を進めようと考える企業も増えています。新たなビジネスが生まれると予想される分野はゲーム、放送、住宅、医療、物流、自動車などと多岐にわたり、さまざまな産業で5Gの一大ムーブメントが巻き起ころうとしているのです。

しかし、超高速や低遅延といった技術的な特徴ばかりに目を向けてしまうと、5Gを使った事業開発はうまくいきません。5Gそのものは、現行の4G／LTEを高度化するアプローチで作られており、それだけにとらわれてしまうと単に4Gより高速な通信ができるだけ、となってしまうからです。

実際に多くの方が、5Gに大きな期待を寄せながらも、「いつ」「どう」ビジネスが変わるのか分からないという状態に置かれています。ですから、筆者にも冒頭に挙げたような質問がよく投げかけられるのです。

それに続くのは、「5Gの具体的なユースケースは何か?」「スマートフォンはなくなるのか、なくならないのか?」という問いです。そしてこれは、一般のモバイルユーザーだけではなく、新しいビジネスチャンスを見込む企業の担当者に加え、通信事業者や政策当局といった5Gインフラの当事者自身からも、実はしばしば尋ねられます。

本書では、こうした皆さんの問題意識を踏まえ、二つのことを明らかにしたいと思っています。一つは、5Gサービスが人間の社会生活にもたらす特徴や影響は何か。もう一つは、ビジネスとして5Gとどのように向かい合うべきか、です。

この二つの論点を、筆者がコンサルタントとして理解している、技術、標準化、また産業の動向を踏まえながら、技術的な説明はできるだけ簡潔にして、サービスイメージや産業動態の視点から説明を試みています。本書を読んでいただくと、モバイルユーザーの方は5Gならではのサービスやその用途が分かるようになり、企業でサービスを生み出す方々には大きなヒントを得ていただけると考えています。

本書の構成

1章では、5Gがもたらすインパクトについて、4Gとの違いや、事業開発の鍵となる特徴、そして5Gが実現する新しい社会のパラダイムについて解説しています。またその一環として、現時点で見えている市場予測や、その背景にある産業構造の変革の可能性についても触れています。

2章では、5Gの普及が始まった2019年を起点として、6Gの登場が予想される2030年までの12年間について、5Gの展開・普及に関する予想シナリオを構想しています。あくまで筆者の予想に基づくものではありますが、こうした年単位での普及タイムラインは、これまであまりなかったものではないかと思います。

この普及タイムラインの中では、2020年後半ごろから5Gが「幻滅期」を迎えると予測しています。商用化が始まったばかりだからこそ、多くのユーザーが5Gに対して「期待外れ」という印象を抱くのではないか、ということです。しかし事業開発の視点に立脚すると、この幻滅期の過ごし方がその後の勝敗を決めることになるはずです。

3章では、5G時代に普及することが予想される新たなサービス分野をピックアップしていきます。それぞれ具体的なサービス内容を描き出すとともに、期待される主要なプレーヤーやステークホルダー、適切な参入時期について解説しています。ここでは、5Gをはじめとした IT（情報通信技術）側の視点だけでなく、高齢化など現時点で想定される日本社会の動態も折り込んで分析しています。

そして4章では、5Gを使って事業開発に取り組む企業に求められる心構えや、確実に理解しておかなければならない留意点を記しています。5Gそのものだけでなく、AIやビッグデータ解析、個人情報などのデータプライバシーという視点を含めて整理しました。

5Gの「G」は、10年を一つの区切りとしたジェネレーションを意味します。ここから始まる10年間で、これまでになかったような5Gサービスが花開くことで、私たちの生活は豊かになり、それを支えるビジネスこそが日本経済を活性化します。そして5Gは、単なる通信規格の世代交代ではなく、デジタル・トランスフォーメーションが本格化する起点にもなるでしょう。その影響は2030年以降の6G（あるいはさらにその次の世代）にも連綿と続いていきます。

逆に言えば、5Gサービスを考えるということは、これからの10年～20年間を私たちがどう過ごすか、という大きな問題を解くことでもあります。5Gは人間社会の在り方をも大きく変えていくきっかけとなり得るからです。本書を通じて、まもなく訪れる大きな社会変革と、そこから生まれるビジネスチャンスの可能性を感じていただければ幸いです。

Contents

5Gでビジネスはどう変わるのか

2章 「普及タイムライン」で読み解く事業開発の最適期

Contents

3章 分野別「5G×新事業」の有望株

1章

5Gがもたらす本当のインパクト

この章で分かること

- ●4Gと5Gの技術的な違い
- ●5Gを見据えた事業開発で鍵を握る3つの特徴
  - Ⅰ. 新たなマネタイズプラットフォーム
  - Ⅱ. ダイレクトなブロードバンド
  - Ⅲ. フルコネクテッド
- ●5Gサービス市場の想定規模と、これまでとの違い

5Gの本質は超高速通信だけにあらず

読者の方々が最初に知りたいのは、5Gサービスが始まることで何が変わるのか？ という点でしょう。そこでまずは、4Gとの比較を通じて5Gの特徴を説明します。

5Gの技術的な特徴として「超高速、低遅延、多数同時接続」が挙げられます。これは5Gの規格を標準化する際に定められたゴールで、いわば5Gを名乗るために必要な要件です（図1－1）。

超高速とは文字通り「高速通信の実現」です。最大伝送速度は下り20Gbps（ビット／秒）、上り10Gbpsと、4G／LTEに比べて100倍上回ります。もちろんこれは理論値で、当面の実効速度はその10～20％程度かもしれませんが、それでも仮に2Gbpsと考えれば、現在のモバイル通信はおろか、光ファイバーでの固定ブロードバンドよりも高速に利用できるようになります。そのため、モバイルと固定回線の境目がなくなり、これまでのモバイルでは考えられなかった新たなユースケースが生まれることも期待されています。ユースケースとその背景については、2章と3章で詳しく解説していきます。

また、単なる高速化ではなく、上り（アップリンク：端末からネットワークやサーバーへのデータ送信）が高速化されていることにも注目が集まっています。SNSの普及に伴い、

図1-1:5Gの主な特徴

ITU-R IMT Vision Report (M.2083) (Sept, 2015) を参照して作成

ユーザーは以前に比べて気軽に動画を扱うようになりましたが、動画投稿をはじめ、テレビ会議やVRを使ったコミュニケーションなどの拡大が期待されています。

次に、二つ目の特徴である低遅延とは、「タイムラグが小さい通信」のことです。電気通信は、必ず遅延が生じます。遅延の原因は、電波、光ファイバー、銅線といった通信を媒介する物質の特性によるもの、信号処理の効率性によるもの、通信事業者の基地局や中継器、光ファイバーの配線など通信機器の能力や構成によるもの、さらには一つの回線を複数端末で共用することによって生じるものなど、さまざまです。5Gは、端末－基地局間（無線区間）と、基地局間を結ぶコアネットワーク（有線区間）の両方で、タイムラグが小さくなるように開発されました。同じ基地局につながる端末が直接通信する場合は1ミリ秒以下、コアネットワークを介する場合でも10ミリ秒程度の遅延までとするように工夫されています。これは4G／LTEの10分の1程度という高い能力です。

三つ目の特徴である多数同時接続は、あるエリアの中でできるだけたくさんの端末を収容できるようにする、ということです。5Gでは、1㎢あたり100万台のノード（端末やセンサー）を収容できることが要件として定められています。4G／LTEではセルあたりで1万台程度を集約して使っていましたから、100倍の能力が求められます。

地球上の陸地の面積が約1・5億㎢なので、単純計算すると1500兆台のノードを収容できることになります。一方で地球上の総人口は現在75億人程度ですから、割り算すると一人あたり2000台のノードを利用できるということです。

実際にはこれほどスマートフォンを使わないので、多数同時接続はIoT（モノのインターネット）機器の利用を促すことになるでしょう。単純計算なのであくまで概念的な想定ですが、一人あたり2000個のセンサーが、私たち一人ひとりの健康や生活情報を追いかけるようになります。5G時代は人間がセンサーネットワークに包み込まれるようになり、スマートフォンのユーザー体験をはるかに超えた多様で濃密なデジタル・トランスフォーメーションが進むという未来が想像できます。

ところで、先ほどの図1－1には、下のほうにも説明がありました。「ネットワーク・スライシング」「マネタイズプラットフォーム」「モバイルエッジコンピューティング」です。これらは、5Gそのものの仕様というよりは、5Gをより効果的に利用するためのネットワーク側、またはサービス側の技術です。このうちマネタイズプラットフォームは後述しますので、ここでは残り二つについて説明します。

まずネットワーク・スライシングは、ソフトウェア技術によりネットワークを仮想化し、用途に応じて柔軟に使い分けるための技術です。従来は単一の目的を果たすための「塊」だったネットワークを、あたかもチーズやハムのように、さまざまな用途に応じてスライスしていきます。

かつては、通信機器というハードウェアが、ある単一の目的（例えばデジタル通信サービスの提供)を規定し、運用上の要件も画一的に設定されていました。しかし本来であれば、同じ通信サービスであっても、緊急時の利用を優先させたり、より高い料金を払ってくれた人に高速かつ安定したサービスを提供したりするという付加価値があってもいいはずです。

これはモバイル通信に限らずコンピューティング全般に共通しますが、近年のソフトウェア技術の革新により、標準的なハードウェアの上に、目的別で機能や条件を複数組み合わせる「仮想化」という手法が広く普及しました。代表的な例はアマゾンが提供するAWSのようなパブリッククラウドサービスです。汎用コンピュータをデータセンターで大量に構成し、多様なサービスを提供するというものです。AWSは、Webサービスやアプリだけでなく、さまざまな生活空間のデジタル化を支えており、私たちの日常生活もこうした仮想化の上に成立しています。

5Gのネットワーク・スライシングを用いれば、あたかもクラウドコンピューティングと同じように、ネットワークの運用をより柔軟かつ多様に実現できます。とにかく安く使いたい、安心・安全に使いたい、一瞬だけ高速に使いたい……こうしたユーザーの個別ニーズに応えることが期待されています。

もう一つのモバイルエッジコンピューティング(以下、MEC)は、ユーザーをはじめとしたデータエンティティ(データの元となる物理的な存在)のできるだけ近くで、データ分析などの処理を行うことを指します。現在のデータ処理は、前述したAWSのようなクラウドコンピューティングを用いて行うのが主流となっています。一方でMECでは、基地局のすぐそば（つまりデータエンティティに近接した場所）にコンピュータを設置し、そこで必要なデータを処理することで、より高速かつ簡潔な処理を可能とします。

こうした構造を必要とする理由はいくつかあります。一つは、5Gの特徴である低遅延を最大限に活かすということ。いくら5Gネットワークが高速化しても、ネットワークの先にあるクラウドまでの距離が遠ければ、遅延は解消されません。「事件は会議室ではなく現場で起きている」というわけではありませんが、現場で処理できることは現場で解決してしまったほうが、処理速度は速まります。

また、現場でデータを処理する二次的な恩恵に、プライバシーの課題を小さくできるという点もあります。詳細は2章で触れますが、東京のユーザーのデータをわざわざ米国西海岸のデータセンターで処理せずに、できるだけユーザーに近いところで処理を終えたほうが、何かトラブルが起きた時にも影響は小さくなります。このためMECは、低遅延という観点ではオンラインゲームのようなエンターテインメントの用途や自動運転車の実現に、プライバシーの課題という観点では家庭や仕事場といったセンシティブな場所から発生するデータの処理に、それぞれ貢献すると期待されています。

なお、ネットワーク・スライシングやMEC、あるいは後述するマネタイズプラットフォームも、5Gならではのアプローチというわけではありません。それでも、5Gの良さを活かすという観点で大きく期待される技術です。5Gの技術的特徴と、その特徴を活かす支援技術、この二つがかみ合うことで、5Gの世界が構成されると言えます。

4Gと5Gは似て非なるもの

4Gと5Gの技術的な違いはほかにもあります。無線通信で使う周波数帯の違いです。4Gで現在使っている周波数帯は、ビルの影に電波が回り込みやすかったり、建物の内部にも電波が届きやすいという特性があります。一方、5Gで使う周波数帯は総じて高い周波数帯で、光の性質にかなり近い特性を持っています。

光は直進性が強いので、なかなか回り込みません。だから暑い日には木陰に入れば直射日光をさえぎることができるわけです。加えて、光は反射します。だからカーテンを閉めれば光をさえぎることができますし、壁を立てれば内側の空間は（光が届かないので）真っ暗になります。この「光」の特性をすべて「5Gの電波」に置き換えれば、どれくらい使い勝手が悪いかご想像いただけるでしょう。

極端に言えば、5Gの電波は樹木やカーテンでもさえぎられ、建物の内側には電波が届きません。窓ガラスでさえも光を反射するように、5Gの電波を反射する可能性があります。実際に、窓ガラスを電波が透過するアンテナ技術が研究開発されているくらいです。また、雨の日が薄暗く感じるように、雨が降ると電波の飛びも悪くなりかねません。

こう説明すると「5Gは4Gよりも使い勝手が悪くなるの?」と思う読者もいらっしゃるかもしれません。確かに、単純比較をすれば、難易度が上がっているのは事実です。一方で、高い周波数には長所もあります。4Gで使っている周波数帯の単位は通常メガヘルツである一方、5Gが使う予定の周波数帯はギガヘルツであり、後者のほうが通信できるデータの量が多いのです。

一般に、周波数帯が高くなればなるほど、一つの目的に使える帯域(その目的のために占有できる幅の広さ)は大きくなります。道路や河川と同じで、幅が広ければ広いほど一度にたくさんのデータを流すことができます。また、例えば10車線もある道なら1車線をバス専用にしても渋滞が起きないのと同様に、広い帯域をソフトウェアによって細かく分割し、ネットワーク上に目的別の専用レーンを作るようなネットワーク・スライシングも容易に実現できます。結果的により多くの端末のデータのやりとりを、高速に実現できるようになります。超高速通信ばかりがフィーチャーされがちな5Gですが、これも大きな特長なのです。

ただし、周波数帯が違うことでさまざまな投資が必要になるという課題もあります。4Gと5Gとでは、無線機もアンテナも違うからです。特にユーザー側から見て最も影響が大きいのは携帯端末でしょう。日本で2019年に使われているスマートフォンのほぼすべては

5Gに未対応です。従って2020年に商用サービスがスタートした後、5Gを利用するためには端末の買い替えが必要になります。

また、前述の通り電波の飛び具合や使い勝手が違うため、通信事業者はこれまでとは異なる場所や別の方法で基地局を設置し、それらを接続するネットワークを敷設しなければなりません。現在は街中の信号機や電柱に基地局を設置したらどうか、あるいは公共施設などの共有地を設置場所として提供したらどうかなどと、さまざまな議論が行われています。

技術規格としての5Gは、4Gの延長線上にあり、4Gを進化させる形で5Gの標準化が進んでいます。そのおかげで、インフラ側の機能の一部は、4Gで構築した環境のアップグレードだけで対応できます。設備投資をある程度は抑制できるというわけです。とはいえ実際の利用シーンが異なるため、5Gの特長を最大限に活用するための設備の敷設方法は、おそらく4Gとは別のものになるでしょう。5Gをビジネスに利用しようと考えている企業の皆さんは、5Gがいつから、どんな形で使えるようになるかという「普及タイムライン」を意識しつつ、4G時代のサービス設計とは違った発想が求められます。

事業開発は4G時代より難しくなる

4Gと5Gが別モノである以上、4Gと5Gの事業開発とその難易度も、やはり別モノです。現在4Gのスマートフォン向けに開発しているアプリは、引き続き4G環境で使われることを前提に開発を継続する必要がある一方、新たに5Gならではのユーザー体験も構想していかなければならないからです。

5G向けの事業開発では、4G時代の経験が必ずしも活きるとは限りません。むしろ4Gでの成功体験をそのまま5Gに持ち込むと、大失敗する危険性すらあります。実際そうした失敗は、4G/LTEの普及初期や、スマートフォンの黎明期にも散見されました。3G、つまりガラケー時代の成功体験で開発を進めたインフラはあちこちで事故を起こし、長時間利用停止の憂き目に遭っていますし、ガラケー時代の感覚を引きずったアプリ開発も軒並み失敗しました。市場から退場することを余儀なくされたかつての大手企業も枚挙に暇《いとま》がありません。

では、こうした状況はいつごろまで続くのでしょうか。言い方を変えると、4Gと5Gの共存はいつまで続くのでしょうか。正確な見通しは難しいですが、過去の歴史を振り返ると、2030年が過ぎてもまだ4Gは残っていると考えるのが妥当でしょう。

理由の一つは、単純に技術規格としての寿命です。モバイルの通信規格はおよそ10年ごとに世代交代が起こりますが、これはある世代の規格が10年で寿命を迎えるということではありません。3Gは2001年ごろにスタートしましたが、2019年現在もまだ3Gネットワークは提供されています。先にKDDIが2022年ごろの3Gサービス終了を打ち出しましたが、本書の執筆時点ではほかのモバイル通信事業者はまだ態度を表明しておらず、2020年代半ばくらいまで続く可能性があります。そう考えれば4Gも、2030年を超えて提供され続ける可能性がある、ということです。

4Gについては、さらに厄介な事情もあります。4Gの完成度は高く、その上4Gと5Gは似ているけれど別モノだからです。すなわち、これまでのように単純な世代交代が求められる側面と、そうではなく枝分かれのように重複して利用が進む側面という両方があるはずです。しかも両者は一定の依存関係にあり、5Gは4Gの提供を中止する理由には必ずしもならないのです。

4Gが広く普及し、成熟している状況で、5Gを使ったビジネスは何が差別化要因となり、新たな価値として認められるのか。この点を考えることが、5G時代の事業開発で勝機を得る必要条件となります。

では、5G時代の事業企画では何が鍵を握るのか、筆者が考える三つのポイントを紹介していきましょう。

事業企画の鍵Ⅰ．新たなマネタイズプラットフォーム

5Gで事業開発を進める上で、理解しておくべき最も重要な特徴は、新しいマネタイズプラットフォーム（サービスから対価を得るための集金装置）だということです。5Gの普及は、各種サービスのマネタイズ（現金化）を促進し、新しいビジネスモデルの実現に貢献します。

マネタイズプラットフォームとしての5Gには、二つの観点があります。一つは、巨大な集金装置としての通信事業者の存在です。特に近年、通信を介して提供されるさまざまなサービスの徴収代行者として、通信事業者の役割が高まっています。通信事業者が直接提供する動画や雑誌アプリなどはもちろん、関連する事業会社と提携することで成立しているサービスの対価も、私たちは通信料金と一緒に支払っています。

通信事業者を集金装置として見立てるのは、今に始まったことではありません。1990年代末にスタートしたNTTドコモのｉモードやKDDIのezwebのようなデータ通信サービスはその先駆者で、すでに20年近い実績があります。4G／LTE時代にはスマートフォンが台頭し、アップルやグーグルが提供するプラットフォーム上で課金することも増えていますが、これらも通信料金と合わせて支払う形が広まっています。5G時代も、通信事業者が

こうしたインフラの役割を担っていくでしょう。

もう一つの観点は、5Gが個別のニーズに絞り込んだサービスを提供しやすいということです。サービス内容の詳細は3章で述べますが、例えば「週末の夜に昔観た映画を8Kで観たい、そのための通信環境がほしい」というようなニーズを満たすには、現在だとサブスクリプション（月額課金）サービスに加入する必要があります。しかし、物理的に映画を観ることができるのは月に一度の2時間だけだとすれば、24時間×30日－2時間＝残り718時間がムダになってしまいます。

本来なら、通信サービスも動画配信サービスも、ユーザーは必ずしもサブスクリプションサービスに加入する必要がありません。しかし、今は主に事業者側の都合、さらに言えばそれを構成するインフラ側の技術要件も含めた都合で、こうしたビジネスモデルが採用されがちです。もしインフラ側が対応できるなら、個別のユーザーニーズを満たす細かな都度払いのほうが、在庫や固定費などの観点から合理性の高いビジネスとなるでしょう。

5Gは、こうしたビジネスモデルの多様性を技術面から促進します。例えばネットワーク・スライシングによって「週末だけ8K映画を楽しみたい視聴者のための特別な回線」を提供できるようになります。また、先述した5Gの周波数帯が持つ弱みを克服するために、電波の方向（ビーム）を高度に制御する技術開発が進んでいるので、こうした技術を使えば先ほどの映画視聴者の自宅に直接ビームを当てて伝搬の効率性や信頼性を高めることもできるかもしれません。こうやって、個別のユーザーニーズに応じたマネタイズが可能となるのです。

事業企画の鍵Ⅱ．ダイレクトなブロードバンド

二つ目のキーワードは「ダイレクトなブロードバンド」です。5Gが広く普及すると、これまで以上の性能を備えたブロードバンド環境が、家庭やオフィスはもちろん、屋外でも十分に利用できます。「そんなことは現時点でも実現できているのではないか？」と思われるかもしれません。しかし現在のブロードバンドは、宣伝通りの性能をいつでも発揮できるわけではありません。

例えば自動車レースのF1（フォーミュラ1）は、アイルトン・セナや中嶋悟が活躍していた時代と異なり、2019年時点では地上波テレビで放映されていません。日本人選手の活躍などによって再び当時のような人気が出れば復活する可能性もありますが、すでに一定数の固定ファンがインターネットでの有料動画配信サービスにお金を払って視聴しています。現状でマネタイズができている以上、よほどの大ブームが再来しない限り、地上波のテレビ放映の復活は難しいかもしれません。

だとすると、久々に日本人選手が優勝しそうになった時はインターネット視聴が集中する

ことになります。ただし、例えばあるマンションに居住する半数以上の人がインターネット中継を見ようとすると、現在のインフラではニーズを十分にまかなえない可能性があります。ブロードバンド回線も多くのユーザーによる共用であることと、集合住宅内の配線の性能が十分ではないことがその理由です。一方で5G環境が整備されれば、集合住宅であっても各戸に直接電波を届けられます。そのため、より高い品質のブロードバンド環境が利用できるかもしれないのです。

あらかじめ誤解を解いておくと、現状のブロードバンドが「偽物」だ、などと言うつもりはありません。設備をどこかで共有しているという構造自体は、5Gも現在の光ファイバーと変わりません。従って、共有部分というボトルネックを緩和するための設備投資が問題解決の鍵になります。5G技術がその負担を軽減する（ユーザー一人あたりのコストを下げる）可能性はありますが、大きな視点では技術よりも設備投資という企業経営の問題である、ということです。

逆に言えば、通信事業者がより積極的な設備投資を行えるメドが立てば、屋内・屋外を問わず5Gがブロードバンドの本命となる可能性があるのです。その時、5Gインフラに投資する側のモチベーションは需要の大きさにあるはずで、前述した「マネタイズプラットフォームとしての5G」という視点が大きく寄与します。

事業企画の鍵Ⅲ．フルコネクテッド

三つ目のキーワードは「フルコネクテッド」です。5Gで期待されるフルコネクテッドな世界観を理解していただくために、まずは4Gが現時点で可能にしていることを振り返っておきましょう。

多くの方は主にスマートフォンを通じて4Gを利用しており、そのスマートフォンを四六時中肌身離さず持っているでしょう。寝ている時も枕元で充電しているという方が少なくないと思われます。これは想像以上に革命的な生活スタイルの変化です。何しろ、そこまで肌身離さず、文字通り「携帯」しているものは、ほかにはなかなか見当たりません。日常生活で身体に相当密着している財布であっても、帰宅したらどこか別の場所に置くはずで、もっと言えばもはや財布は機能としてスマートフォンに飲み込まれつつあります。

私たちはそれほどまでに、スマートフォンに依存しています。正確に言えば、依存しているのはスマートフォンそのものではなく、アプリを介したサービスであり、あるいはその先にある人間関係です。寝る直前までSNSで会話を楽しみ、場合によっては寝ている間にも誰かからの呼びかけを待っているのかもしれません。スマートフォンはそうした呼びかけに答えるための「窓」のようなものです。

そんな依存性がある一方で、私たちは自分から窓、つまりスマートフォンの画面を覗き込む必要があります。私たちが就寝時に枕元に置くのは、スマートフォンを使いたいと思ったらすぐに使えるようにしておきたいからですが、アプリを起動しなければスマートフォンはただの「重たいガラス板の塊」でしかありません。

パソコンで4Gサービスを利用する時はさらに手間がかかります。パソコンを起動して、スマートフォンのテザリングを設定し、Ｗｉ－Ｆｉで両者を接続して、ようやく通信がスタートします。スマートフォンに比べてより多くの作業が必要となるので、身体への近さは感じにくいでしょう。

両者に共通しているのは、使いたいと思った時に「手続き」が必要だということです。それがどんなに簡単なものであっても、パスワードを入力したりアプリを起動するという、いわば「スイッチを入れる」作業を経なければ利用できません。すなわち使おう（つなごう）としなければ使えないという状態であり、これを筆者は「セミコネクテッド」だと考えています。

例えばスマートフォンゲームや動画コンテンツは、必ずしも常時接続していることを前提にしていません。むしろ最近の動画配信サイトは時間制限付きのコンテンツをダウンロードさせ、いざ視聴する際は接続しなくても映画やドラマを高品位で楽しめる、いわば「ビデオレンタル」のようなサービスを提供しています。パソコンで使うオフィススイートにしても、クラウドサービスが普及しつつある一方で、以前からあるパッケージソフトはインターネットにつなげなくても仕事が完結するようにできています。このように、インターネットにつながれば便利だが、つながらなくても大丈夫、という状態が「セミコネクテッド」な世界です。

では、5Gの「フルコネクテッド」な世界ではどんな利用スタイルになるのでしょうか。フルコネクテッドとは、フル（どんな時でも）コネクテッド（接続している）ということです。4Gの「インターネットにつながれば便利だが、つながらなくても大丈夫」という状態とは対をなした概念で、接続していることが利用の前提条件である、ということです。

これは電化製品と電気の関係と同じです。電化製品は、電気がなければ使い物になりません。電気によって動作することが機能の前提になっているからです。同じように、フルコネクテッドな機器は、ネットワークによって動作することが機能の前提です。もう少し踏み込んで言えば、ネットワーク接続がない状態では使い物にならないということになります。

ビルのあらゆる箇所に設置されたセンサーが、リアルタイムにすべての空間の状況を把握し、ビル全体の電力消費を常に最適化するというソリューションを考えてみましょう。この場合、センサーが常時ネットワークにつながっていることが必要です。そうでなければ、ビル全体を集中的に制御することも、リアルタイムに対処することも不可能だからです。

もちろん、センサー自体は電化製品なので、電気さえ通っていれば単体で動きます。しかしその場合にできるのは、センサーに直付けされた機器の制御だけです。また、常時接続ではなく断続的にネットワークにつながれば、時間差は生じますが一定間隔で情報を集約することができます。ただし、外気温の変化やそれぞれの部屋の稼働状況（利用の有無や利用者数など）を総合的に判断して、ビル全体の空調をきめ細かく制御し、全体の電気利用量や空間利用の満足度を改善したい場合は、一定間隔での制御ではほとんど意味がありません。リアルタイムにつながっていなければならないのです。

さらに、ビル一棟の管理だけでなく、ある街の中にあるすべての建物を街単位で最適化しようとする場合は、当然ながら街全体がネットワーク化されている必要があります。そうでなければ街の中での制御に不均衡が生じますし、ユーザーからすれば不公平になるわけです。フルコネクテッドが必要なのは、ビル（ビルディングオートメーション）や街（スマートシティ）の管理といった用途だけではありません。リアルタイム、オンデマンド、最適化。それらの実現には、高品質なネットワークが必要です。そして、そうしたニーズに応えるべく作られたのが5Gなのです。

「窓」がなくなり、サービスも変わる

では、こうした5Gの特徴が本領を発揮するのは、どんなユースケースなのでしょうか。

4Gから移行してくるケースもたくさんあるでしょう。例えばゲームや動画配信など、すでに普及しているサービスの中でも高品質のネットワークを求めるものは5Gへの移行が早く進みそうです。しかしそれらは、あくまでセミコネクテッドの延長線上にある用途です。もっと5Gらしい、5Gならではのユーザー体験は「窓」の外側にあります。

先ほども触れた通り、窓とは、スマートフォンであれば画面そのものです。その外側にあるというのは、これまでのスマートフォン画面の中に5Gのユーザー体験を考えるための答えはない、ということです。

4Gまでのユーザー体験を振り返ってみると、私たちは窓の中に随分と閉じ込められてきました。ユーザーは、窓の内側にある決められたユーザーインターフェースやシステムアーキテクチャの中でサービスを使わなければ便益を享受できないという構造でした。それゆえ、常にITリテラシーの有無が問題になってきました。リテラシーの高い人ほど便益を享受できたわけです。

しかし5Gが普及すると、街のあちこちに仕込まれたセンサーやディスプレイが、ネットワークへの常時接続を前提に稼働するようになっていきます。ビルディングオートメーションやスマートシティへの取り組みは現在も進んでいますが、環境問題や労働人口の減少といった社会問題も相まって、ニーズが大きくなるばかりです。

家の中でも、コネクテッドデバイスがどんどん増えていくでしょう。例えば、テレビ受像機のネットワーク対応、つまりコネクテッドＴＶ化は加速度的に進んでいます。それに伴い、その受像機を対象にネットワーク経由で楽しむ動画配信サービスも日々拡充しています。人気お笑い芸人のオリジナルコンテンツの一部は、もはや地上波テレビではなく、動画配信サービスでなければ視聴できません。従来は地上波テレビが主役で、動画配信がわき役だったのが、徐々にダブル主役となり、場合によっては主役交代もあり得るのです。

従来は何もなかった空間がどんどんコネクテッド化し、空間そのものがネットワークコンピュータになっていくという、大きなトレンドもすでに出現しています。近年はこうしたトレンドをIoTと称していましたが、おそらくこの言葉のイメージをさらに超えていく世界が5Gによって生み出されるはずです。環境全体、例えば街、国、または地球全体の最適化が進むかもしれません。

それが実現する時、すでに私たちは、スマートフォンやパソコン画面という「窓」の外側にいることになります。スマートフォンを起動して、ちまちまとアプリに指示を出したりメッセージをやりとりするのではなく、私たちがその空間の中で自然に振る舞うことが、コミュニケーションの相手に届くことになるのです。

では、5Gが前述した三つの特徴によってデバイスとユーザー間にあった「窓」を取り除くと、具体的にどんな社会になっていくのでしょうか。筆者が考える三つの未来を説明しましょう。

1.周囲と溶け込む社会

一つ目は「周囲と溶け込む社会」です。5G環境では、自らを取り巻く状況や周囲の環境の中にコンピューティングが溶け込んでいきます。

コンピュータ・サイエンスの世界には、昔から「アンビエント・コンピューティング」という言葉がありました。人間とコンピュータが接続する部分の技術や構造を分析し、使い勝手のいいコンピューティング環境を模索する研究分野で、特にヒューマン・コンピュータ・インタラクションの一つの形態として取り上げられてきました。

現在はVR/ARやウェアラブル、可視化・可聴化など、バーチャルをリアルなものに変換する技術開発が進んでいます。さらに包括的なアプローチとして、生活環境の中にコンピュータが自然に溶け込んだ状態を人間が許容するための研究や、人体と密接に結合したコンピュータの操作方法に関する研究が進んでいます。

VR/AR用のヘッドマウントディスプレイやスマートスピーカーなどの新しいデバイスは、5Gの普及に合わせてより身近なものになっていくと予想されます。空間をセンシング・制御するためのIoT機器や、インタラクティブなサイネージ端末なども、5Gの特性をフル活用する手段として考えられています。

こうした機器に共通するのは、人間がアクションを起こしてシステムを起動するのではなく、センサーが人間の振る舞いを自動的に検知し、コンピュータ側が自律的・自動的に処理を進めるということです。現在は過渡期なので、プライバシーやセキュリティの課題を解決するためにも、スマートスピーカーに「ヘイ」「オッケー」と呼びかけなければ動きません。しかしいずれ問題が解決されていけば、いつでも接続されている状態となることは容易に想像できます。

こうした「いつでもどこでもコンピューティング」が実現すると、物理空間やコミュニティの最適化が促されます。これまでの4Gがサイバー空間における特定ユーザーのための通信環境だったのに対して、5Gは物理空間やコミュニティを共有するあらゆる人たちのための通信環境になっていくのです。それによって従来になかった事業機会が生まれるのも確かです。

また、環境の中にコンピュータやセンサーが溶け込んでいるので、コンピュータを使うということをユーザーは自覚しなくてもよくなります。この状態は、「本体を起動してアプリを立ち上げる」という手続きが求められるスマートフォンでは、なかなか実現しきれませんでした。ユーザーの自然な状態だからこそ、センシングやコントロールできることの精度が向上し、自分では思いつかなかったことを実現するという便益の可能性が広がるのです。

2．境目のない社会

二つ目は「境目のない社会」です。英語だと「シームレス」と言いますが、5Gはこれまでの社会に存在したさまざまな境目を消していきます。

例えばリアルとバーチャルの境目です。ITを使いこなしている人たちは、現時点でもリアルとバーチャルの境目はなくなっており、区別する意味が分からないと考えているかもしれません。一方、ITと少し距離を置く人たちは、両者は使い分けられるべきで、リアルのほうが尊い（バーチャルは劣後する）と考えることが多いでしょう。だからこそ、両者が混ざり合うとしばしば論争が起こります。

この認識のギャップは、4Gまでのセミコネクテッドな状態がもたらしていたと考えています。セミコネクテッドな世界では、ユーザーが自覚的にならないとシステムを使えません。自覚的になるということは、使い方の習熟が必要となります。そして習熟すればするほど、そのシステムの中にのめり込んでいき、そうでない人は疎遠になっていくのです。軽いものは遠くに、重いものは中心にそれぞれ寄せていく、いわば遠心分離機のような特徴を持っています。

他方で5Gの本領はフルコネクテッドです。ネットワークに常時接続していることが前提であり、つながっていなければ使い物になりません。こうした環境下だと、ユーザーはシステムに対して無自覚でいられますし、特定のユーザーがのめり込むというよりは、全員が等しくシステムになじむことになります。その結果、行動や振る舞いといった「切り取られた情報」だけではなく、ユーザーのすべてがサイバースペースで表現されるかもしれません。

このように、サイバースペース上でフィジカルスペース（物理空間）の情報を正確に再現することを、「デジタルツイン」と言います。デジタル化によって生み出される擬似的な双子、とでも言えばいいでしょうか。ファクトリーオートメーション（工場の制御・管理）やサプライチェーンマネジメント（物流や在庫などの制御・管理）など、モノづくりの世界で意識されている概念で、サイバースペース上でのシミュレーションを前提としたビジネスプロセスの変革手法として注目を集めています。

５Ｇは、このデジタルツインを実現する重要な要素となります。しかもそれは、モノづくりの現場だけでなく、私たちの日常生活にもおよびます。現時点では、デジタルツインがどのような形で実現されるのかは分かりません。工場にある生産機械と違って、生身の人間を対象とするわけですから、プライバシーやセキュリティへの配慮が十分以上に必要だからです。実際、こうした取り組みを「人間版デジタルツイン」と文字にしてみると、その気持ち悪さが浮き彫りになると思います。

ともあれ、サイバースペースとフィジカルスペースの垣根がなくなり、リアルとバーチャルの境目も消失することで、すべてがシームレスになっていくのは大きなトレンドとして間違いありません。その結果として、デジタルも含めたすべてがリアル、という世界が５Ｇによって訪れます。

３．予測を前提にした社会

三つ目は「予測を前提にした社会」です。

人工知能の進化やセンサーの普及によって、すでに「予測可能な社会」が予見されています。近年、米国をはじめとする海外の記事などで、「予測する」（predict）という動詞に「可能」（able）を付けた〝predictable〟（プレディクタブル）という言葉をよく見かけます。人工知能、特に深層学習の議論でしばしば使われており、効率性だけでなく倫理的な是非も含めて、こうした機能とどう向かい合うのか関心が高まっています。

5Gが普及していくと、ここからさらに一歩踏み込んだ「予測前提」の社会となるでしょう。英語に置き換えるなら、〝predict〟の過去分詞で〝predicted〟となるでしょうか。

5Gの時代は、コンピューティングが周囲と溶け込み、リアルとバーチャルの境目もなくなります。すなわち、リアル（フィジカル）空間の情報がデジタルデータとしてバーチャル（サイバー）空間にどんどん送り込まれていきます。こうした時代の人工知能は、もはや「予測できるかもしれない」ではなく「確実に予測する」ことが前提になっているということです。

これはとても大きな変化をもたらします。従来の社会機能の多くは、ごく簡単で限定的なシミュレーションに基づいて決められていました。例えばその街で本当に必要な救急車は何台なのか、救急車の需要が供給を超過した場合にどう対処すればいいか？といったことも、大まかな計測と机上の予測に基づいて大雑把に判断してきました。それが悪いというのではなく、現実的な手段としてそれしかなかったのです。

しかし、5Gの普及でリアルタイムに街と市民の状況が把握できるようになれば、何曜日の何時ごろに救急車の稼働が多いのか、全体的にどのような症状の人が救急車を使うのか、それに対して最適化する方法は何か、ということを分析的に考えることができます。ある特定の日時だけ救急車の出動要請が多いなら、その時だけ近隣の自治体に救急車を借りたり、役所の公用車をそれに対応させる、といった合理的な解決策が考えられます。

さらに言うと、そもそも救急車を呼ばずに済めば（つまり事前に問題を予防できれば）保有する救急車の台数を減らすことさえできるかもしれません。そのために、誰が誰に何を働きかけ、どのように関与していくのかを決めることが必要です。

こうしたシナリオについて、本章の文末にコラムを記載しました。具体的にはそちらでイメージを膨らませていただくとして、本書では社会機能に予測が反映される状態を「予測前提社会」と呼びたいと思っています。そして、そうした社会の実現には5Gが不可欠なのです。

ユーザーの固定概念から変えよう

こうしたシナリオを決める重要な要素は、ユーザーの意識です。

前段で、つながらなくても使えるセミコネクテッド（4G）と、つながらなければ使えないフルコネクテッド（5G）について説明しました。加えて、4Gの完成度の高さについても記してきました。

これらを踏まえた上で両者を比べてみると、モバイルでの利用に限れば4Gより5Gのほうが劣っていると思われる方がいるかもしれません。それに、ネットワークが電気のように常時必要不可欠なものになるということが、体験的には分かりにくいかもしれません。そうした違和感を覚えるのも無理はないと思います。むしろ、5Gならではの事業開発を進める上ではとても正しい違和感でもあります。違和感のあるところにこそ、新しいビジネスが生まれるからです。

セミコネクテッドが便利に思える一つの要因として、ユーザーが現状の4G環境に自己最適化しているという事情があります。前述した動画配信のビデオレンタル型サービスを思い出してみてください。ユーザー目線で考えると、4G環境でのリアルタイム配信は、契約上の通信量の上限を超過することによる「パケ死」が容易に想像されます。仮にその心配がなかったとしても、場所や時間帯によって途切れるようでは満足度が下がってしまいます。だとしたら、安定していて安価な自宅のWi-Fiを使ってあらかじめ動画をダウンロードしておいたほうがいい。このように判断してビデオレンタル型サービスを使うようになるのです。これは、ユーザーが自らの行動を4G環境に適合させているという見方もできます。

こうした状況だと、5Gを使った新しいビジネスはなかなか普及しません。これも先ほど触れたコネクテッドTVを例に考えてみましょう。

近年日本で販売されているテレビ受像機には、コネクテッド化、つまりインターネット接続機能が搭載されているものが少なくありません。主にLANケーブルやWi-Fiで自宅の固定回線に接続し、さまざまなサービスを楽しむというものです。ネットフリックスやアマゾン・プライムといったサービスを大画面で楽しみたい場合には便利な機能と言えます。

一方、情報メディア（特に放送）業界では、以前から「結線率」という言葉があります。家庭内のコネクテッドTVがどの程度ネットワークにつながっているかを示す指標で、この結線率の推移が、従来のテレビ放送以外の新しいサービスがどのように普及しているのかを考える材料になっています。

以前は筆者も、この結線率という概念をあまり考えることなく使っていました。しかしある時、動画配信サービスを普及させたいと考える事業者と議論する中で、この言葉のおかしさに気付かされました。そもそもテレビ受像機がコネクテッドを名乗るのであれば、そのテレビは結線されて利用されることを前提とすべきです。しかし結線率は「受像機100台のうち何台が接続されているか」（裏を返せば何台が接続されていないか）を表しています。すなわち結線率は「接続していない受像機の存在」を前提にしているのです。

地上波放送が盛んな日本では、現在のテレビ受像機は（CATV経由を含めた）地上波放送の受信を主な機能として作られています。その結果、「ネットワーク接続しなくても使えるコネクテッドTV」が生まれているのです。そしてそれは、ユーザー自身が「それでいい」と考えた結果でもあります。コネクテッドTVをインターネットに接続するかどうかは、あくまでユーザーの判断に委ねられているからです。

既存の前提条件があまりにも強固なものである場合、どうしても先入観や固定観念が形成されます。コネクテッドTVであれば、ユーザーが「テレビは地上波のもの」と考えていることが固定概念であり、ネットワーク接続によって新たなサービスを提供したいと考えるイノベーターにとってはこうした認識が普及の障害となります。

コネクテッドTVの話はあくまで近似の一例でしかなく、必ずしも4Gと5Gにそのまま置き換えられるわけではありません。しかし4Gネットワークの完成度の高さと、それによって自らを最適化してしまっているユーザーの（無自覚に保守化した）利用スタイルという意味では、似た構造を有しています。

そんなコネクテッドTVですが、このところ「結線率」が上昇しているという話をしばしば聞きます。確かに筆者を含め、周囲にネットフリックスやアマゾン・プライムを楽しむ人が増えてきました。そんな最近の興隆から、今後5Gが4Gという高い壁を突破するための一つのヒントを見出すことができそうです。

5G市場の本命は「非スマートフォン」

さて、次の2章に移る前に、5Gを利用したビジネスはいつまでにどの程度の市場規模になるのか、数字面の推移を予想しておきます。

次頁で紹介する富士キメラ総研が2018年5月に発表した予測によると、世界の5G市場は2019年から顕在化し、2023年には基地局（通信事業者の設備）の市場規模が4兆1800億円（図1－2）、ユーザーが利用する端末などのデバイス市場が26兆1400億円（図1－3）と見込まれています。合計すると、2023年で約30兆円を超える市場に成長するということです（※為替レートは予測発表当時）。

日本の市場はどうでしょうか。この後の頁で紹介する調査会社IDC Japanの予測によれば、2023年には5G対応携帯電話のシェアが市場全体の28・2%を占め（図1－4）、5Gモバイル通信サービスの契約数は3316万回線（13・5%）になると見込んでいます（図1－5）。

筆者が気になるのは、図1－4にある5G携帯電話の出荷台数とシェアです。予測によれば、2023年に「出荷される携帯電話」のうち、30%弱が5G対応端末だということになります。出荷総数が3000万台程度と見込まれていますので、そのうち900万台程度と

図1-2:5G対応基地局市場の実績と予測

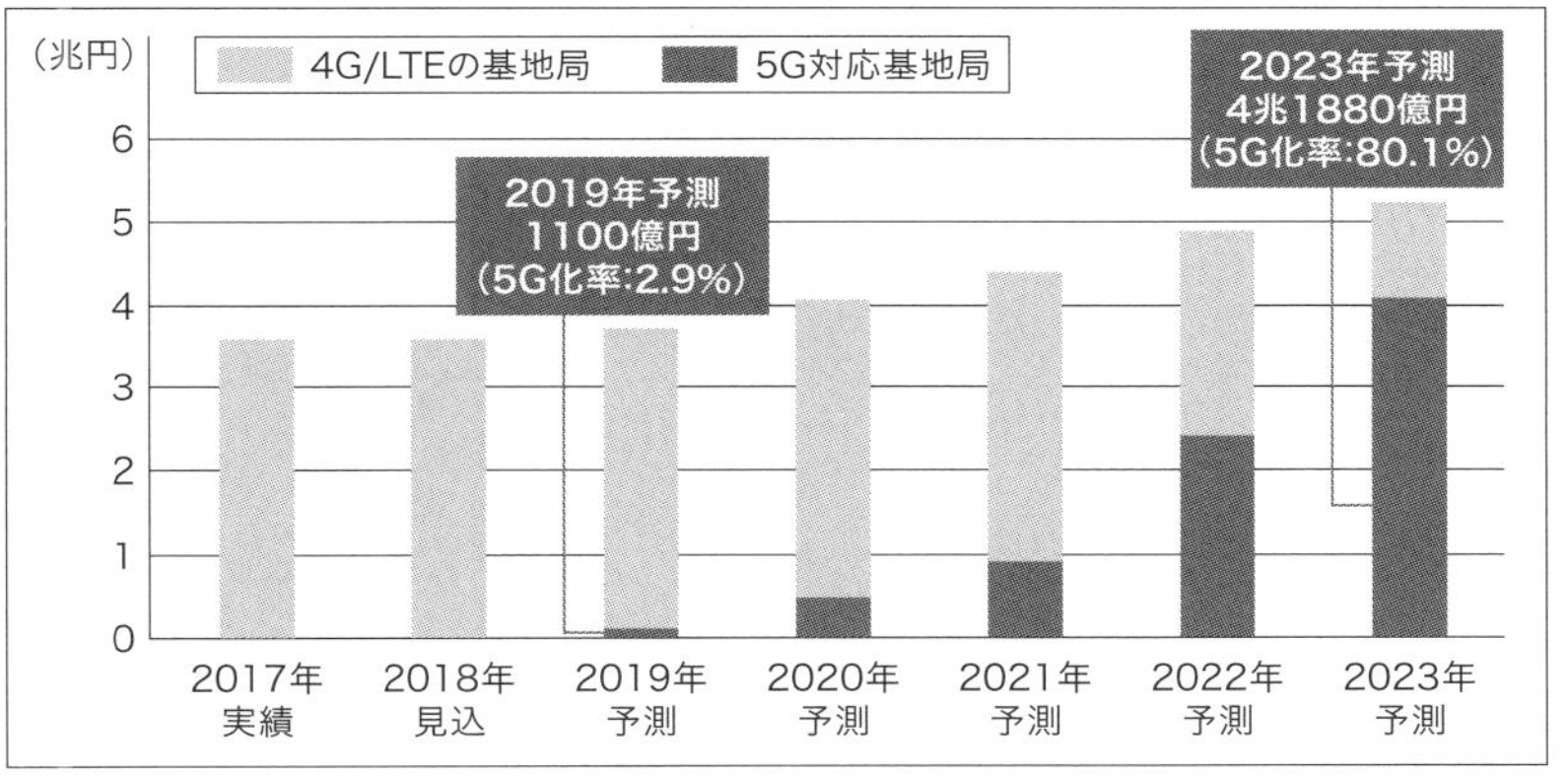

出典：富士キメラ総研「2018 5G／高速·大容量通信を実現するコアテクノロジーの将来展望」(2018年5月31日)

図1-3:5G対応デバイス市場の実績と予測

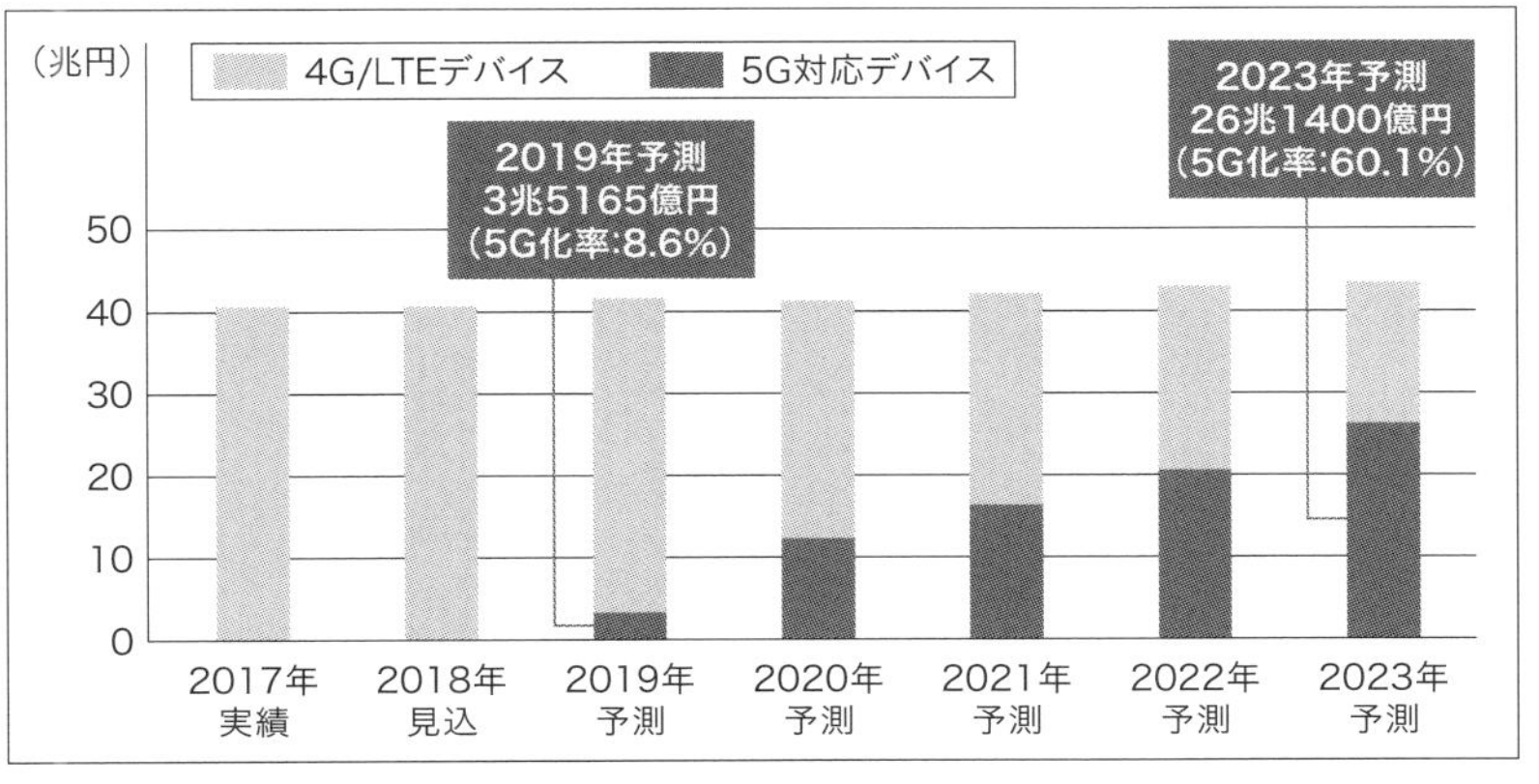

出典：富士キメラ総研「2018 5G／高速·大容量通信を実現するコアテクノロジーの将来展望」(2018年5月31日)

図1-4:国内5G携帯電話出荷台数とシェア

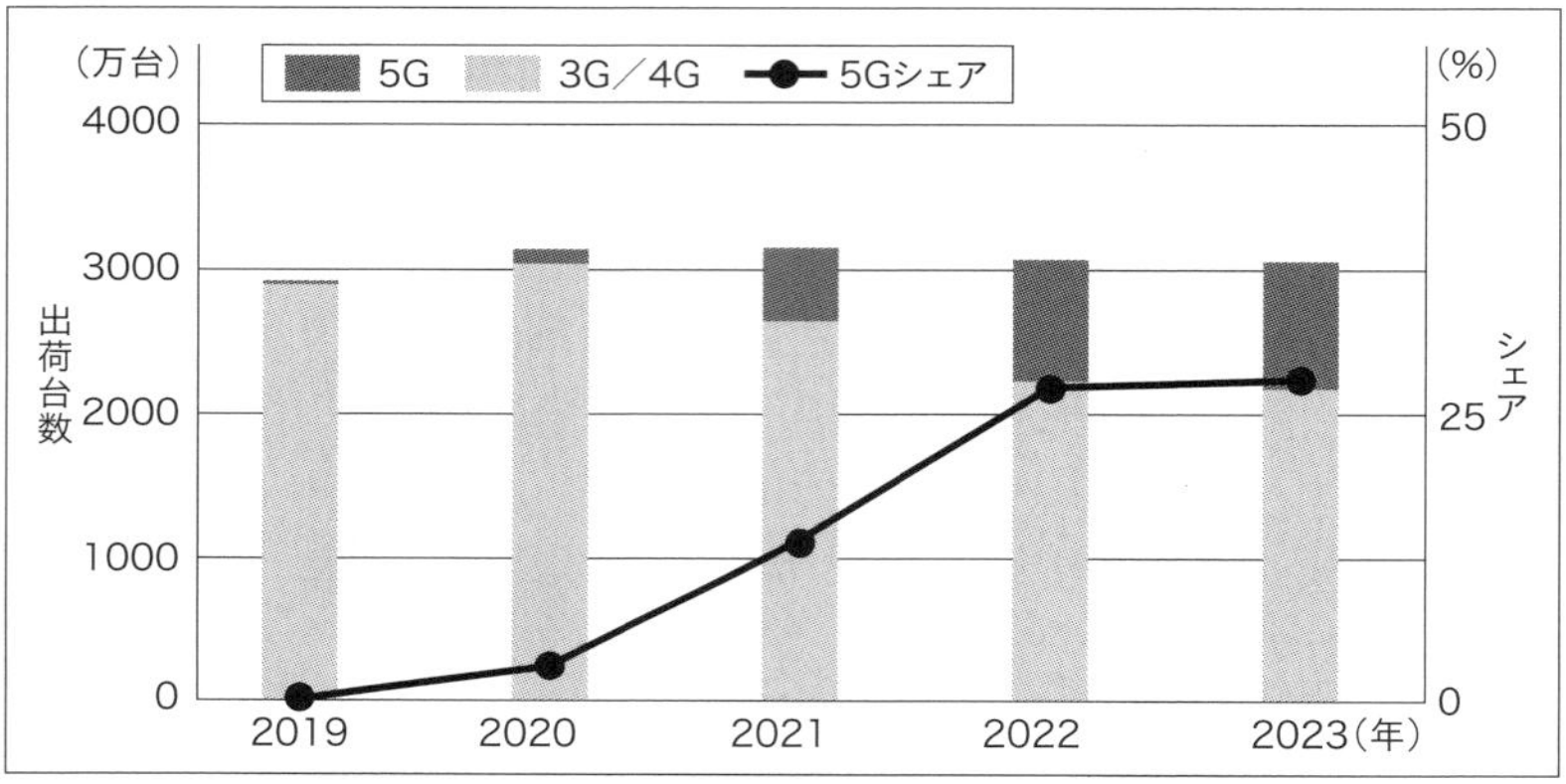

出典:IDC Japan「国内5G携帯電話と5G通信サービス市場予測」(2019年6月20日)

いうことです。本格出荷が始まる2021年は500万台程度、2022年で900万台、2023年も同水準の900万台程度が見込まれます。

この予測で対象としているのは携帯電話事業者の端末であり、スマートフォンが中心になるはずですから、買い替えサイクルは現在と同じ3~4年程度が想定されます。すなわち、2023年時点で市場全体の累積数として、2300万台程度が5G対応スマートフォンということになります。

スマートフォンの普及は現時点でも飽和状態に近付いており、2023年時点で全人口の8割程度がすでに保有していると考えれば、日本中で1億台程度のスマートフォンが使われているということになるので、5Gは大体4分の1程度の普及状況と考えることができ

図1-5:国内5Gモバイル通信サービス市場とシェア

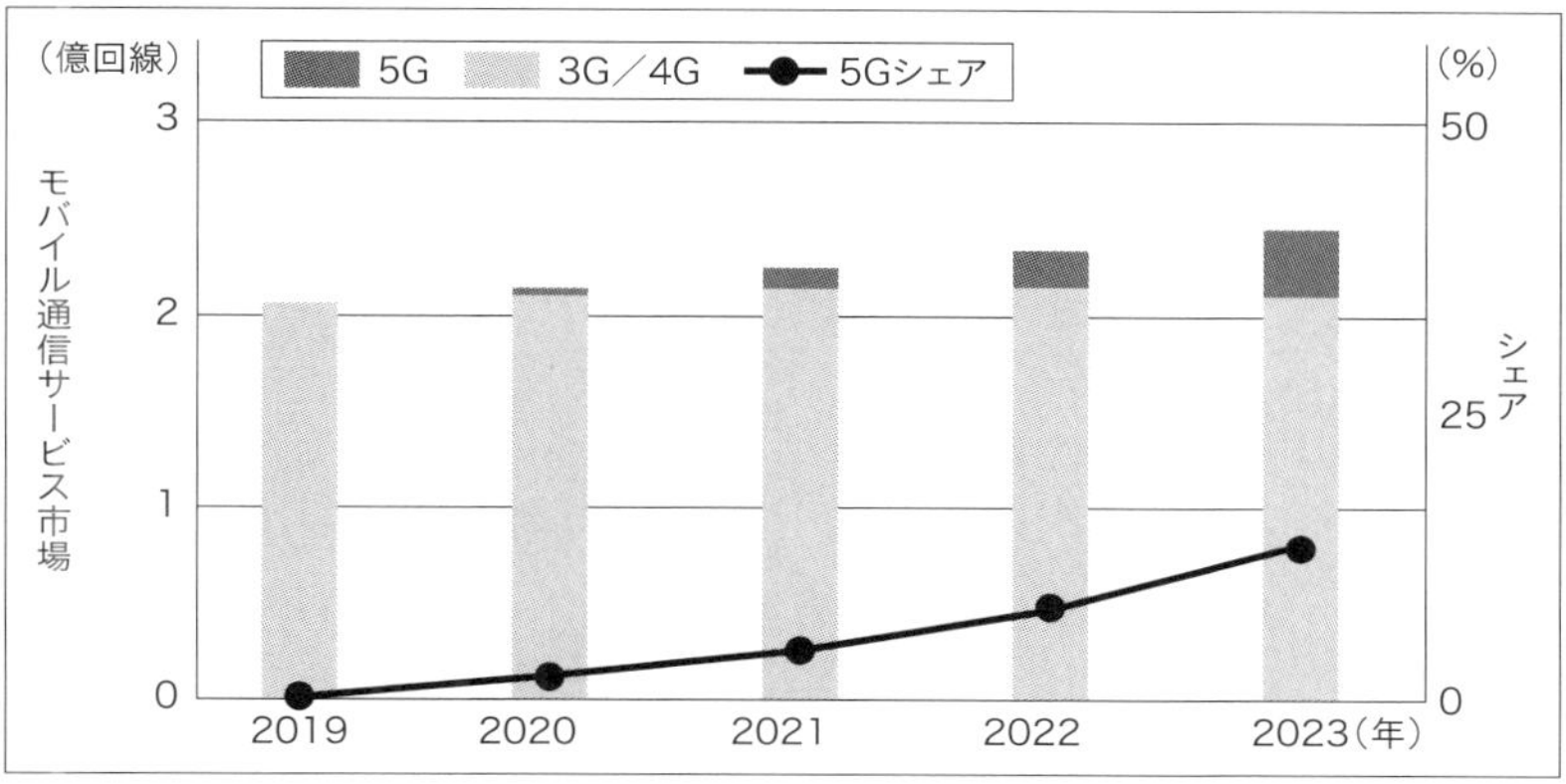

出典:IDC Japan「国内5G携帯電話と5G通信サービス市場予測」(2019年6月20日)

るでしょう。

しかし、だとすると図1-5の「5G通信サービスのシェアが13%程度」という数字と一致しません。5G端末は持っていても5Gサービスを利用していない(契約していない人)が一定程度存在する、ということになります。もちろん予測値なので、実際は2023年を迎えてみないと正解が分かりませんが、通信事業者が4Gの延長線上で提供する5G通信サービスについては、やや厳しめの見方とも言えます。

これらの数字も、「まだまだこれから」なのか「小さい」のか、見方が分かれるところでしょう。筆者の周囲にいる通信業界の関係者でも、「控えめな数字」だとか「通信事業者の設備投資計画を考えればこれくらいではないか」と、いろいろ意見が分かれています。あくまで筆者の直感ですが、スマートフォンを含めた現状のモバイル利用の延長という観点で5Gの普及を考えるなら、「これくらいが妥当」だと思います。

スマートフォンは4G環境で十分に満足でき、現在のスマートフォンやアプリのパラダイムに愛着があるユーザーは、むしろ積極的に4Gを選択し続けるはずです。となれば、2020年から少なくとも10年間は続く5G時代において、サービスの「本丸」はスマートフォンでの利用ではありません。

次頁の図1－6は、通信分野で世界的な市場調査を行っているオーバム(ovum)社が、2017～2022年にかけて、5G関連でどのサービスが成長するかを予測したものです。円の大きさは2018年時点の市場規模を表していますが、大事なのはそれぞれの産業の成長を表した縦軸（金額）と横軸（成長率）です。上にある円ほど金額ベースでの絶対的な成長が大きく、右にある円ほど成長率が大きい、ということを意味します。結果として、「右上」にあるものほど、将来有望だということです。図を見ると、同社は特にゲームと動画配信が急成長すると予測しています。また、既存の携帯電話産業（左上）よりも、右下にある固定ブロードバンドの成長率を高く見積もっています。

この予測は、筆者の直感とも一致します。なぜなら、すでにモバイル通信事業者は、5G用の事業開発として、ゲームと動画配信に着手しているからです。少なくとも5Gの普及初期にあたる2022年ごろまでは、半ば「約束された未来」だと言えます。

図1-6:5G関連で注目されるサービスの成長度合い予測

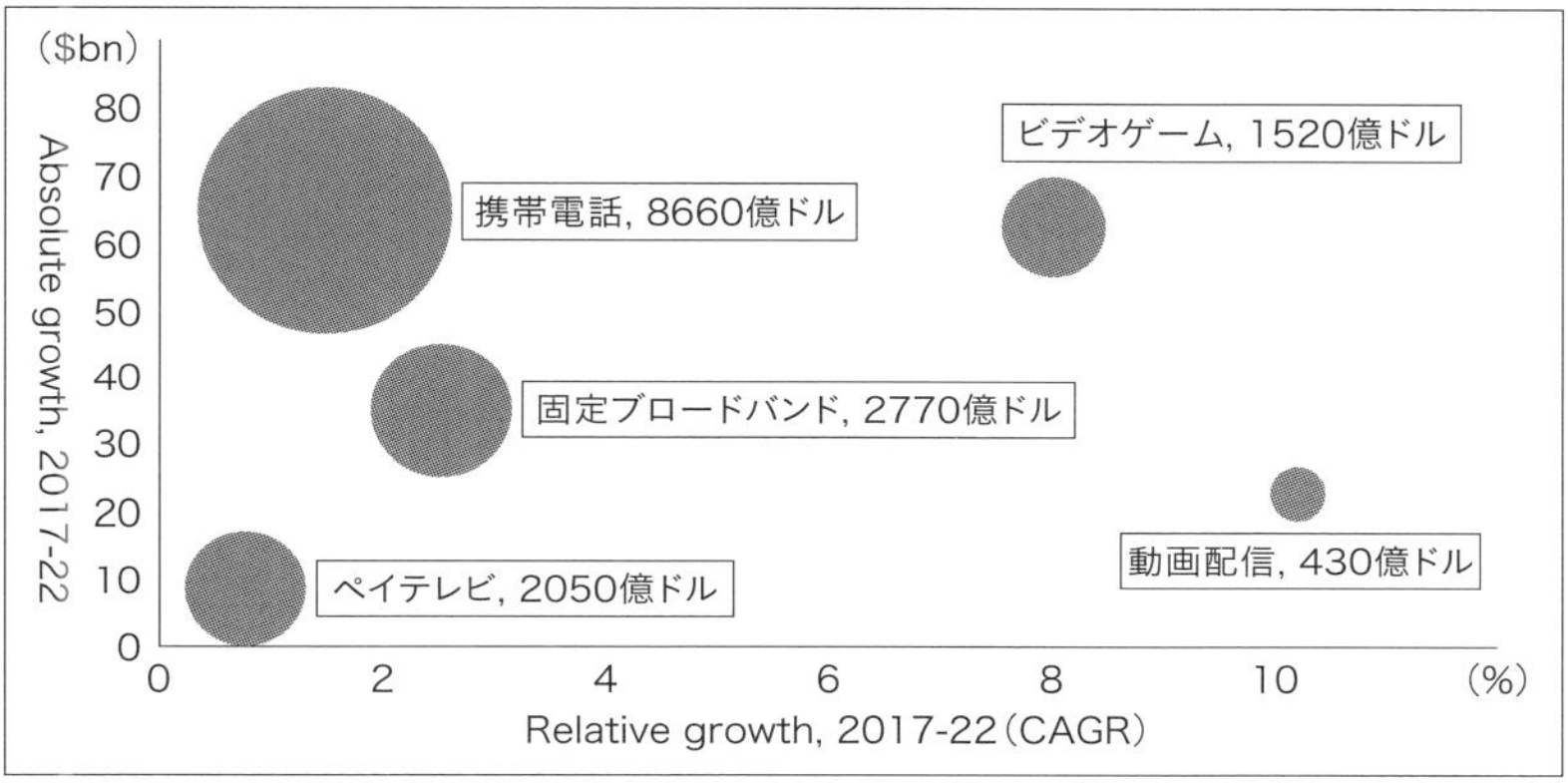

出典:ovum「2019 Trends to Watch: Video Games and E-Sports」(2018年9月15日)

ここで重要なのは、ゲームも動画配信も、必ずしもスマートフォンを前提としていない、ということです。むしろ自宅での大画面環境を意識したサービス開発の動きが水面下で進み始めています。この動きこそ、ゲームや動画配信の普及が一巡した後の、5G普及の本番に向けた大きな橋頭堡《きょうとうほ》となります。

では、実際に5G関連の新ビジネスはいつから、どのように広まっていくのか。次の2章では具体的なタイムラインを示しながら詳説していきます。

Column

未来予想：5Gは人の生死も分ける

～高血圧の講演者クロサカを救う技術

高血圧に倒れたクロサカさん編

「あの人、どうしてるかなあ……」

東京で初雪が舞ったある寒い日の午後、参加したセミナーを終えた田中さんは、ふと昔の上司を思い出していました。その上司の名はクロサカさん。地方都市で開催されたセミナーに招かれたクロサカさんは、ちょうどこんな日に講演の壇上で倒れ、帰らぬ人となってしまったのです。

クロサカさんは、コンサルタントとしての業務はもちろん、外部での講演も多く、国内外を忙しく駆けずり回っていました。その一方で、血圧が高いとも言っており、確かに倒れる少し前くらいから、体調の変化を周囲に話していました。しかし、同世代の同僚である青山さんがランニングに挑戦するのを横に見ながら、本人は「中年まっしぐら」なんて軽口を叩くばかり。田中さんをはじめとした同僚たちは、何気なく見守っていました。

あの日も、週明け月曜日の朝、オフィスに少し顔を出してから空港へ向かい、1時間少々飛行機に乗ってお昼過ぎからある北国の地方都市で講演をすることになっていました。お題は「5Gの理想と現実」。ちょうどそんなテーマで出版したクロサカさんの、いわば十八番です。5Gによる発展が期待される地方都市だけに、いつにも増して気合いが入ります。

飛行機が少し遅れ、会場では関係者への挨拶もそこそこに迎えた本番で、視界に入ってきたのは、大勢の来場者。皆さん、5Gへの期待と不安が混ざっているようで、昼食後の眠い時間帯なのに真剣な表情です。そんな会場の熱気にあおられ、クロサカさんはつい熱弁を振るい過ぎて、汗をかきながらうっかり持ち時間をオーバーしてしまいます。しかし司会者から「少々の延長は可能」との指示もあり、結論を急ぐように、水も飲まずに講演を続け、ボルテージを上げていきます。

クロサカさんが倒れたのは、その時でした。

急に壇上で崩れるように倒れ込み、そのまま意識を失います。顔色はみるみるうちに悪くなり、呼びかけにも一切応じません。関係者が急いで救急車を呼びますが、混んでいるようでなかなか到着しません。そういえばクロサカさんの著作にも、「週明けは救急車が混んでいる」と書かれていました。

関係者はその場であれこれ手を尽くしてくれました。しかし緊急事態で救命の経験もなく、対応には限界がありました。クロサカさんを襲ったのは、高血圧による心臓発作。働き盛りの死因として、ある意味で典型的とも言える突然死でした。

振り返れば、予兆はありました。そもそも血圧が高いと言っていたクロサカさんは、少し前から降圧剤を服用していたようです。しかし忙しさにかまけて飲み方が雑になっていたせいか、最近薬の効きが悪いとも言っていました。講演時に録画されたビデオを見てみると、少しふらついたり、息苦しそうな素振りを見せていました。

しかしそんな予兆は、クロサカさんの日常を注意深く観察している人でもなかなか気付けません。もしかすると、さまざまなセンサーで24時間クロサカさんをモニタリングし続けた「クロサカさんのビッグデータ」があれば、人工知能の解析によって異常に気付けたかもしれませんが、もちろんそんなものはありませんでした。

仮にクロサカさんの異変を事前に察知したとしても、それを知らせる方法がなかなか見当たりません。クロサカさん自身が「私は高血圧なので……」と、講演の関係者に伝え、異常検知アラートシステムのようなものを託していれば、もしかすると伝えられたかもしれません。あるいは、そうした情報が連動していれば……。近くの救急車を探知して事前に伝えられていたら……。クロサカさんの5Gの本を読んでいると、そんな「タラ・レバ」がいろいろと思い浮かびます。しかし肝心のクロサカさんは、そんな5Gサービスの便益を受けられないまま、この世を去ってしまいました。

田中さんの脳裏には、クロサカさんの「これから日本はますます高齢化するんだから、早くそんな社会を作らなきゃ」という声がよみがえってきました。そして雪がちらつく中、視界に入ってきた5Gの基地局を眺めながら、果たしてそれをどう作ればいいのかと考えながら、オフィスへの帰り道を黙々と歩くのでした。

5Gに救われたクロサカさん編

「あの人、今ごろ何をしているかなあ……」

東京で木枯らしが吹いた、ある寒い日の午後、客先での打ち合わせを終えた麻地さんは、ふと上司のことを思い出していました。その人の名はクロサカさん。通信業界や放送業界で仕事をするコンサルタントです。

こんな書き出しだと、亡くなったクロサカさんを思い出すかのように思われるかもしれません。しかし幸か不幸か、麻地さんが思い出したのはそんな重い話ではなく、昨日頼んでおいた書類にちゃんとハンコをついてくれているか、ということでした。

「あの人、あちこち出かけっぱなしで、社内の事務仕事が滞るから困るんだよな。5Gを使った業務管理システムにお尻を叩いてもらうか」

そんな、どこでも見られるごくありふれた仕事の一コマです。

それでもこの話が、「かつての上司の思い出話」になる可能性はありました。以前、ある北国の地方都市で開催されたセミナーに招かれたクロサカさんは、壇上で倒れそうになっていたのです。

クロサカさんは、コンサルタントとしての業務はもちろん、外部での講演も多く、国内外を忙しく駆けずり回っていました。その一方で、血圧が高いとも言っていましたが、周囲は何気なく見守っていました。

その日もいつもと同じように、ギリギリまで仕事をして、同僚の黒部さんに「間に合いません!」と怒られながらドタバタと飛行機で現地へ向かいました。慌ただしく会場に着いた時、クロサカさんは季節外れの大汗でしたが、ほどなくして講演が始まってしまいました。壇上から見える大勢の来場者は、お昼過ぎなので少し眠そうです。クロサカさんはいつにも増して熱弁をふるいます。

来場者の眠気を覚まそうと、いつもより身振り手振りを増やしたせいか、残りの持ち時間はあと6分。司会者からは「延長は5分だけにしてください」というサインが出ています。足し算すれば11分、余裕を持って10分以内で話をまとめれば何とかなる。講演を締めくくるべく早口でまくし立て始めた、その時です。

「★緊急★ このままだと3分後にクロサカさんが倒れる可能性があります」

こんな通知が、クロサカさんのウェアラブルデバイス、司会者や会場スタッフのスマートフォン、そして周囲にいた救急車とタクシーに入ります。タクシーに対しては、「急病患者が発生する可能性があり、いざという時に対応できるようにスタンバイしてください」という連絡です。

クロサカさん、司会者、会場スタッフのデバイスには、続けてカウントダウンの表示と、急いで水を飲ませて休ませること、いざという時のAED（自動体外式除細動器）のありかや可能性のある搬送先の病院の情報などが表示されています。そして「できるだけ早くクロサカさんを安静にさせてください」とのサインが点滅しています。

ところが講演に未練のあったクロサカさんは、あと少し、もう少し、と話を続けています。カウントダウンが１００秒を切った時、業を煮やした司会者は、講演に割って入ります。

「えー、申し訳ありません、お話の途中ですが、お時間がやって参りました！」

我に返ったクロサカさんは、その場で水を飲んで一息。講演を無理矢理終わらせて、司会者の誘導で壇上を去り、控え室で椅子に腰掛けます。そこでようやく、体調の異常を認識します。

一連の様子は、会場にあったカメラやセンサーで、モニタリングされていました。残り30秒を切る少し前くらいに、カウントダウンが停止。どうやら総合的な判断として、倒れるリスクは去ったようです。おかげで、救急車もタクシーも、受入先候補の病院も、緊急対応することなく通常業務を続けられました。

ただし、クロサカさんのウェアラブルデバイスは、引き続き血圧や脈拍が高めの状態であることを理由に、長時間の休憩を要請しています。講演を終えてすぐ東京に戻るつもりだったクロサカさんは、予定を変更し、現地で少し休んでいくことにしました。

こうして、スマートデバイスとスマートシティが連動し、AIシステムによって病気の発生を未然に防ぐことができる5Gサービスが、クロサカさんを救いました。

しかし、当の本人は喉元を過ぎた熱さなど忘れてしまったようです。「人間、そんなものだよ」と先輩の伊賀野さんに慰められながら、今日も走り回るクロサカさんを追いかけるべく、麻地さんは5Gによるリアルタイム追従型業務管理システムに、クロサカさんへのオーダーを入力するのでした。

解説

1章では、5Gによって「窓」がなくなり、サービスも変わると書きました。その変化の様相として、アンビエント（環境）、シームレス（連携）、プレディクテット（予測）という概念も示しました。おそらくそれが、5Gの普及によって何が変わるのか、何ができるのかを端的に表すものとなるからです。

これらの概念は、体感的には理解しづらいものだと思います。実際、筆者が通信事業者や5Gでの事業機会を検討するサービス事業者、政府やメディアの方々と議論していても、全員で同じイメージを共有できた経験はなかなかありません。

ただ、そうした経験を重ねるうちに、少なくともなぜ分かりにくいのか、という理由はいくつか見えてきました。その一つが「窓の強さ」です。

この10年で進展したスマートフォンの普及とアプリエコノミーの台頭は、私たちにあまりにも鮮烈な印象を残し、なおかつ私たちは日々依存を強めています。それゆえに、窓を前提としない環境やパラダイムが、理解しづらくなっているのです。

そこで、アンビエント、シームレス、プレディクテットの概念を要素として、5Gサービスが社会に広がるとはどういうことか、という一つのシナリオを、ショートストーリー仕立てにしてみたのが、このコラムです。

二つのストーリーは、ほぼ同じシチュエーションを背景にしていますが、5Gサービスがない場合とある場合では人間の生死を分けてしまうほど大きな違いが生じます。これを極端なフィクションと考えるか、リアリティのある話と考えるか、その判断は読者の皆さんに委ねたいと思います。しかし、ちょっとしたテクノロジーの普及が、人間の生死や社会活動、経済活動に大きな影響を与えているのは厳然たる事実です。それこそ文中にあったAEDもそうですし、監視カメラの高度化で犯罪や事故が発生した後の対処が変わります。

ここで示した技術は、要素自体はすでに入手可能なものになっています。そしてその組み合せで高度なサービスを実現することも、技術的には十分可能です。無線通信だけでなく、それ以外の情報分野でも技術の大きなサイクルは大体10年程度と考えられているので、同じく今後10年にわたって普及が続く5Gを前提としたサービスの場合、それを構成する個別の要素技術（入出力デバイスやデータ解析技術）も現時点で実用化のメドがついているものに限られます。

問題は、その組み合せをより広く普及させるための算段、つまり事業開発の側にあります。そして、21世紀のデジタル社会を生きる以上、それはユーザーから正しく受容され、同意を得られたものなのかが問われます。

5Gを使う以上、その技術的特徴を理解することは基礎として必要です。しかしそれ以上に、ネットワークの先に接続される技術が5Gによってどう活かされるのかを考えることが大事です。さらに、その先にいるユーザーにどのような便益を提供できるのか、それらが正しくビジネスとして回り続けるのか、ということを考えることが問われます。

2章

「普及タイムライン」で読み解く事業開発の最適期

この章で分かること

●5G が完全普及するまでのタイムラインと、各フェーズの特徴

黎明期＋ピーク期（2017～2019年）
準備が進む中「ゲーム&動画」に進化の兆し

幻滅期（2020～2022年）
モバイル利用より先に「屋内サービス」に変化

啓蒙活動期（2023～2025年）
少子高齢化社会の課題解決インフラに成長

安定期（2026～2029年）
社会全体をつなぐ「フルコネクテッド」が実現

パリ五輪

全人口の1/3が65歳以上
65歳以上人口の1/5が
認知症
大阪万博

ミラノ冬季五輪
FIFAワールドカップ
（北米）
リニアモーターカー開通

ロサンゼルス五輪

身体機能の拡張

コネクテッドカー

5G通信モジュール→IoT デバイス スマートハウス

VR→AR→MR

5G/Wi-Fiルーター→5G家庭内基地局

免許不要周波数帯（アンライセンス）の5G利用

ローカル5G、プライベートLTEの5G移行

サブ6、ミリ波

3Gサービス終了→5Gへの移行の可能性？

クラウド化

屋外（アウトドア）と屋内（インドア）の普及が同時に進行

マクロセル→マイクロセル→SA基地局普及とともに減少

基地局間ネットワークのオープン化が進展し、オープン対応する領域は徐々に広がっていく

ネットワーク自体のセンサー化、AIによるネットワーク運用の自動化

監視カメラやウェアラブル対応、より高い周波数帯への適用

IoTや自動車への適用、免許不要周波数帯対応

NSAの標準策定（2017年12月完了）、SAの標準策定（2018年6月完了）

2022 2023 2024 2025 2026 2027 2028 2029

■ 5Gの「普及タイムライン」に影響する要素

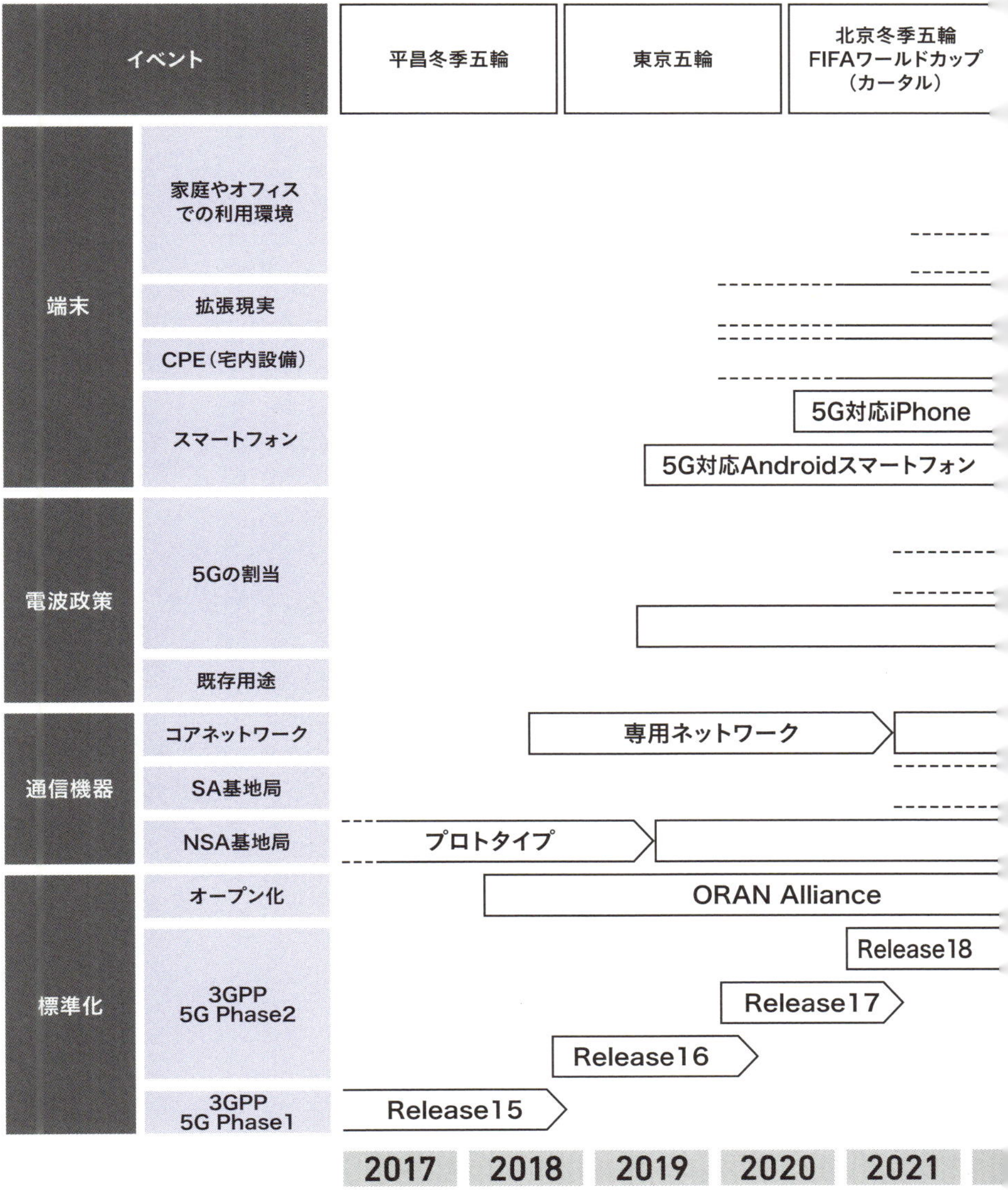
イベント
平昌冬季五輪
東京五輪
北京冬季五輪
FIFAワールドカップ
（カータル）
端末
家庭やオフィスでの利用環境
拡張現実
CPE（宅内設備）
スマートフォン
5G対応iPhone
5G対応Androidスマートフォン
電波政策
5Gの割当
既存用途
通信機器
コアネットワーク
専用ネットワーク
SA基地局
NSA基地局
プロトタイプ
標準化
オープン化
ORAN Alliance
3GPP
5G Phase2
Release18
Release17
Release16
3GPP
5G Phase1
Release15
2017
2018
2019
2020
2021

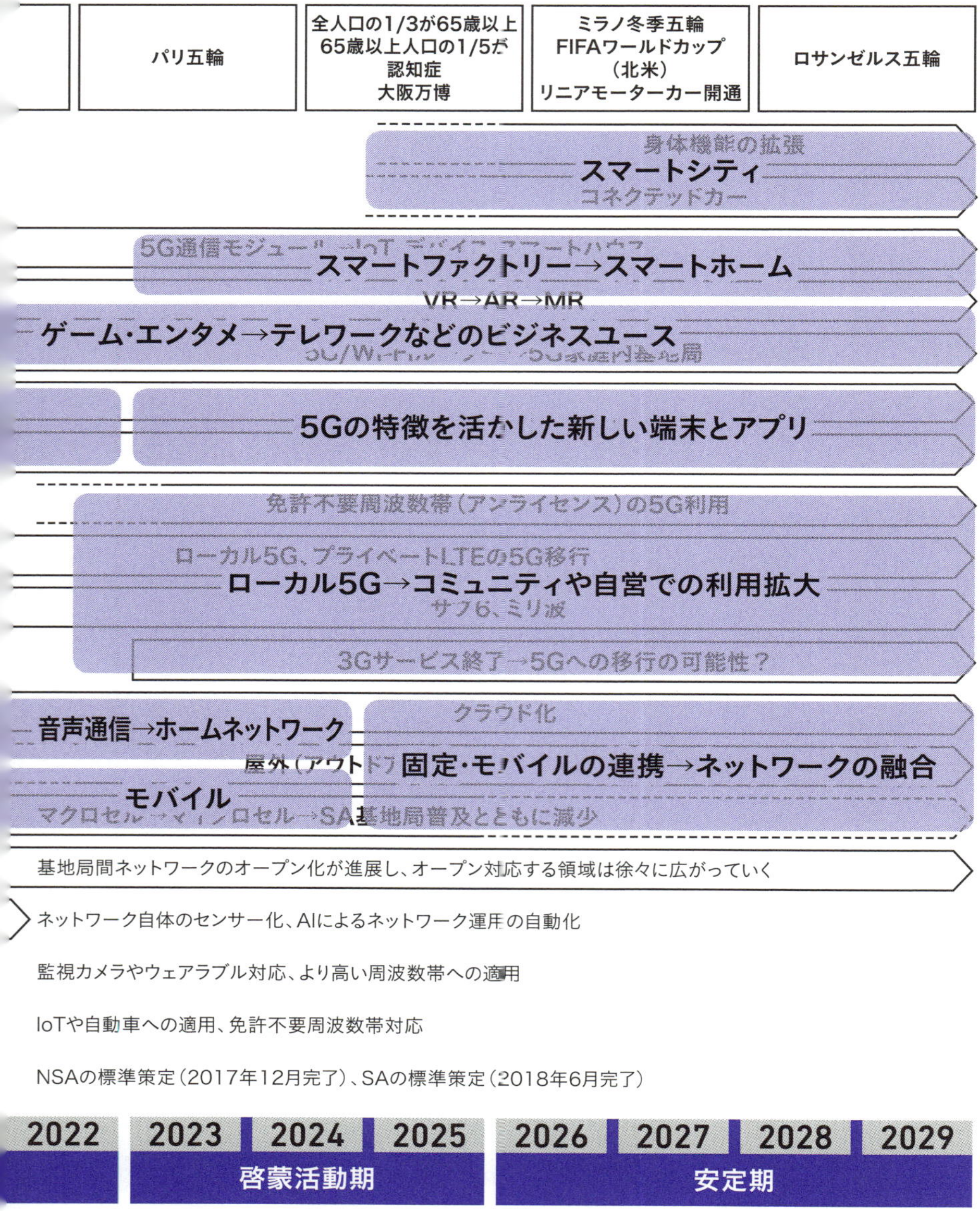
パリ五輪
全人口の1/3が65歳以上
65歳以上人口の1/5が認知症
大阪万博
ミラノ冬季五輪
FIFAワールドカップ（北米）
リニアモーターカー開通
ロサンゼルス五輪
身体機能の拡張
スマートシティ
コネクテッドカー
スマートファクトリー→スマートホーム
VR→AR→MR
ゲーム・エンタメ→テレワークなどのビジネスユース
5Gの特徴を活かした新しい端末とアプリ
免許不要周波数帯（アンライセンス）の5G利用
ローカル5G、プライベートLTEの5G移行
ローカル5G→コミュニティや自営での利用拡大
サブ6、ミリ波
3Gサービス終了→5Gへの移行の可能性？
クラウド化
音声通信→ホームネットワーク
固定・モバイルの連携→ネットワークの融合
モバイル
マクロセル→マイクロセル→SA基地局普及とともに減少
基地局間ネットワークのオープン化が進展し、オープン対応する領域は徐々に広がっていく
ネットワーク自体のセンサー化、AIによるネットワーク運用の自動化
監視カメラやウェアラブル対応、より高い周波数帯への適用
IoTや自動車への適用、免許不要周波数帯対応
NSAの標準策定（2017年12月完了）、SAの標準策定（2018年6月完了）
2022
2023
2024
2025
2026
2027
2028
2029
啓蒙活動期
安定期

■ 5G「普及の4段階」と、台頭するであろう新ビジネス

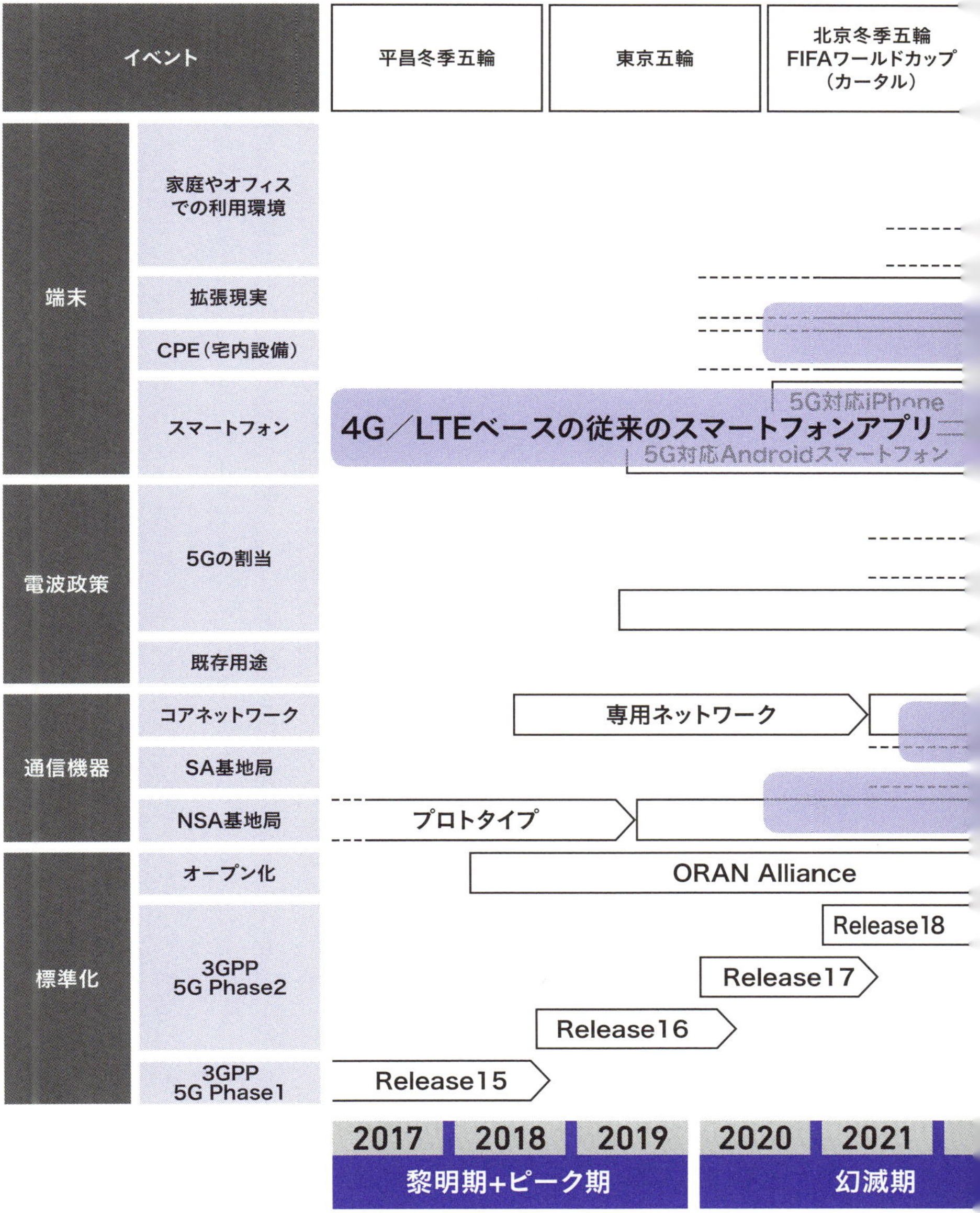

5Gが完全に普及するまでの四段階

5Gはどのように普及するのか。これは5Gをビジネスに活用したいという立場の方々にとって、現在最も関心のあるテーマではないでしょうか。

1章で触れた通り、モバイル通信規格のライフサイクルは、技術の安定性向上やユーザーの保守的な意識、投資と回収の効率性など勘案すると、実際に普及が始まって完全に終了するまで20年以上を要します。その中でも「旬の時期」は、最初の10年です。技術仕様を定める標準化活動が、技術革新と設備投資の両方のバランスを考えた上での健全なサイクルとして、10年程度を念頭においているからです。つまり、2000〜2010年は3Gの時代、2010〜2020年は4Gの時代だったと言えます。

では、5Gにとっての「旬の時期」となる2020〜2030年に、5Gはどのような形で普及していくのでしょうか。ここでは、技術が普及していくまでの流れを予想するフレームワークとして、ガートナー社が提唱する「ハイプ・サイクル」に沿って説明していくことにします。

ハイプ・サイクル自体は、ご覧になったことのある方も多いでしょう。個別の技術がどの程度成熟しているかを示すグラフです。ガートナー社は毎年、その年の時点で各技術が「黎明期」「幻滅期」などどこに位置付けられるかを発表しており、発表直後はいつもインターネット上で話題になっています。最近では、2018年に人工知能やブロックチェーンが（日本国内の）幻滅期に入り、2019年夏の発表では5Gが「過度な期待」のピーク期にあると発表されています。

ハイプ・サイクルが興味深いのは、単に技術そのものの成熟度を評価したものではなく、製品化にあたって行われるさまざまなマーケティング活動やユーザーによる評価、投資への影響などが折り込まれるという点にあります。そのため、一部では恣意的な評価だという批判もありますが、研究開発の成果を製品化することを支援してきた筆者の経験では、単に技術の良し悪しだけではなく製品開発という企業活動の現実をある程度は表現していると感じています。

ガートナー社の解説によると、ハイプ・サイクルは次の五つの区分で整理されています。

- **黎明期**：潜在的技術革新が、初期の概念実証（POC）やメディア報道によって注目される時期です。まだ製品化には至らず、実用可能性は証明されていない段階です。
- **「過度な期待」のピーク期**：初期の宣伝によるサクセスストーリーが紹介されます。ただし失敗を伴うものも多く、実際に行動を起こす企業もあまり多くはありません。

・**幻滅期**：宣伝通りの成果が出ないため、関心は薄れます。技術の創造者らは再編ややり直しを余儀なくされることが多く、生き残った者だけが改善への投資を継続します。

・**啓蒙活動期**：具体的な便益を伴った事例が増え始め、理解が広まります。改善された製品が登場します。ただし、保守的な企業はまだ慎重なままです。

・**生産性の安定期**：主流としての採用が始まります。採算性を判断する基準がより明確に定義されます。技術の適用範囲と関連性が広がり、投資は確実に回収されていきます。

（引用：ガートナー社のWebサイト「ハイプ・サイクル」より）

本書を発行する2019年後半の時点で、5Gは黎明期と「過度な期待」のピーク期が同時に訪れているような状況で、それ自体が5Gに対する期待の高さを表しているようにも思えます。そこで本書では、ハイプ・サイクルの考え方を踏まえながら、図2-1のように「黎明期+ピーク期」「幻滅期」「啓蒙活動期」「安定期」の四区分に整理してこれからの5Gの普及を予測してみます。

最初の「黎明期+ピーク期」は2017～2019年です。4Gが成熟し、多くの人がスマートフォンに飽き始めたこともあり、新しい何かへの漠然とした期待が、実態を伴わずに

図2-1:ガートナー社が提唱するハイプ・サイクルと、5G普及の流れ

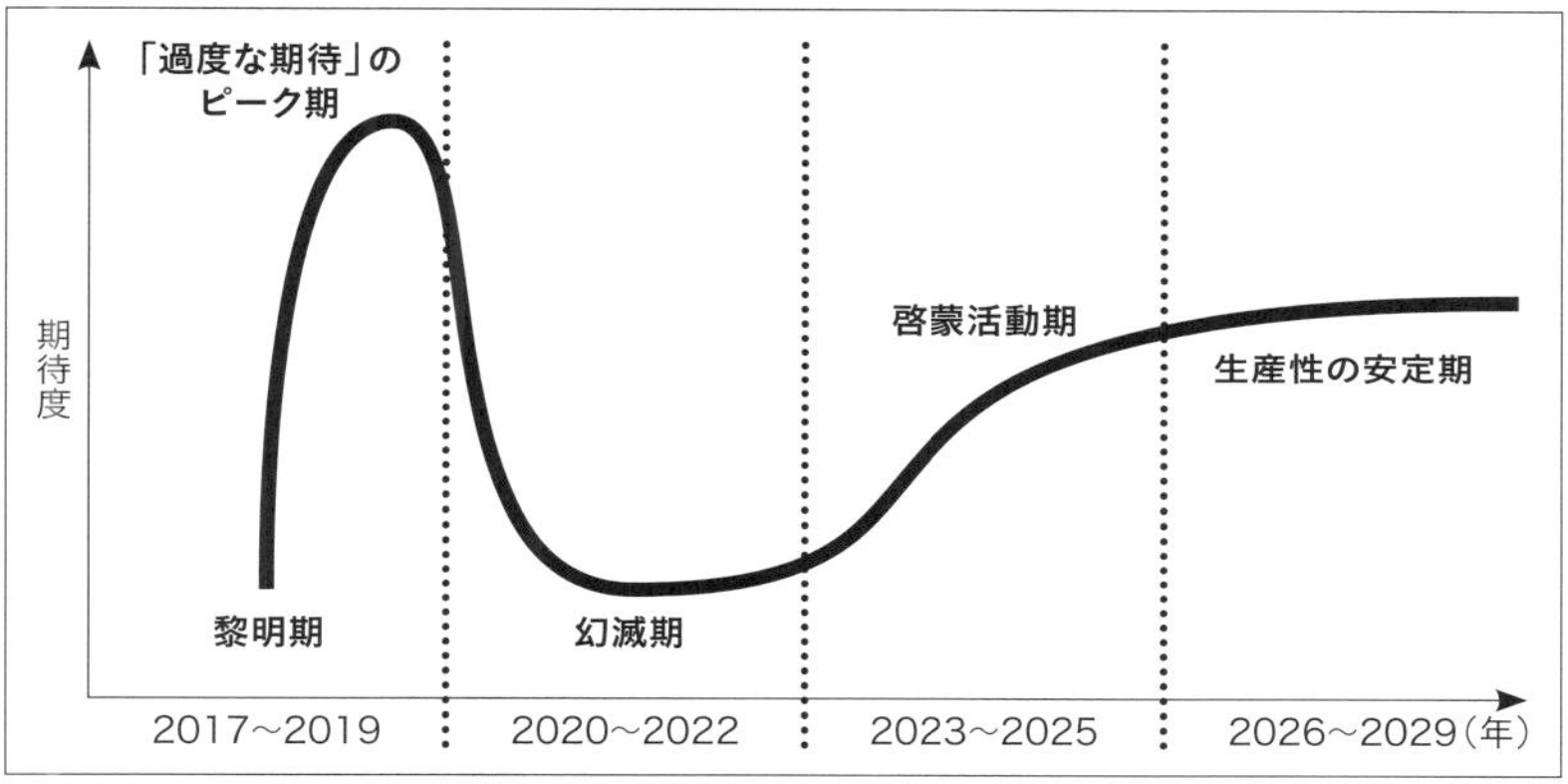

ガートナー社の定義を参照に、時期は筆者が記入

膨らんでいると言えます。

次の「幻滅期」は2020～2022年ごろです。日本で5Gの商用化がスタートするものの、いきなり4Gから5Gへ移行するわけでもなく、5Gが使えるエリアもまだわずか。開始当初に出てくる5G対応スマートフォンの値段も相当高くなるはずなので、「5Gは期待外れ」という印象が形成されると思われます。

続く「啓蒙活動期」は、2023～2025年ごろになります。5Gの能力をフルに発揮するインフラが少しずつ普及していき、ユーザーも5Gの持つ本当の実力を認識し始めるはずです。

最後の「安定期」は2026年以降です。この時期になると、人々は5Gサービスを自然なものとして受け入れるようになり、4Gサー

ビスの陳腐化が進むでしょう。そして5Gサービスが当たり前になると、ユーザーはより高品質なインフラを求めるようになり、安定期の終わりごろには6Gを求める声が出始める……。概ねこんな展開になると思われます。

【黎明期+ピーク期】2017~2019年
準備が進む中「ゲーム&動画」に進化の兆し

●どんな時期か?

2019年、5Gは「過度な期待」のピーク期に該当します。しかも、まだ普及が始まっていない「黎明期」を伴った、少し不思議なピーク期でもあります。

特に2019年に入ってから、5Gに対する期待は急激に高まりました。専門メディアだけでなく、新聞やテレビも5Gを取り上げない日はありません。そしてそれらは総じて理想論が中心です。あらゆる社会課題を5Gが解決してくれるという記事まで見かけるほどで、もはや「5Gバブル」と呼べるような状況です。

おそらく起爆剤となったのは、2019年1月に米国で開催された電子機器の見本市CESで5G対応のスマートフォンが発表されたことと、同年4月に米国と韓国で5Gの商用サービスがスタートしたことでしょう。5Gの電波につながるスマートフォンは、場合によって一般家庭で使われている光ファイバーよりも高速で、夢に見たモバイルブロードバンドの世界が実現し始めているような印象を抱かせます。

5Gの商用サービスが始まる中で、水面下での競争も大きなニュースとなりました。特に産業面で最も注目されていたのは、半導体メーカーの世界的大手であるインテルとクアルコムのどちらが先に5G対応モデムチップ(通信を実現するためのチップ)を製品化するか?ということでした。結果は、クアルコムが先んじて5Gモデムチップの供給を開始。これによって、5G対応スマートフォンが2019年1月のCES、同年2月のMWC(Mobile World Congress/毎年スペイン・バルセロナで開催される世界最大のモバイル通信産業の展示会)で発表されました。特にMWCでは、試験電波ながらも実際に会場内で5G通信を展開し、いよいよ商用化がスタートすることを強く感じさせました。

5Gが世界的に重要な技術であることをうかがわせる話題も相次ぎました。例えば2018年12月に報じられた、中国ファーウェイの孟晩舟《もうばんしゅう》副会長兼CFOの逮捕というニュースです。5Gの普及をリードすると目されていたファーウェイ社の、しかも創業家の一人が、米国政府の要請によってカナダの捜査当局に拘束される映像は、世界に衝撃を与えました。それに前後して、米国政府は欧州や日本に対して、中国発の5G技術の採用を見送るように要請しています。

このニュースは、5Gが単なる次世代通信規格ではなく、21世紀のデジタルエコノミーの基盤であり、国家戦略そのものになったことを浮き彫りにしたと言えるでしょう。

●どうしてそうなるの？

なぜ5Gはここまで注目されるのでしょうか。モバイル通信か固定通信かを問わず、デビュー前の通信技術がここまで注目されたのは歴史的に見てもあまり例がありません。その背景には、過去20年のモバイルインターネットの成長スピードの速さがあるのでしょう。

特にスマートフォンが普及した直近の10年間、4G／LTEは私たちの生活を大きく変えました。百聞は一見にしかずということわざの通り、私たちは新しいものを想像する時、見たもの、触れたものに影響を受けます。おそらく5Gに対する想像や期待は、スマートフォンによる4Gをベースにしたモバイルインターネットの延長線上にあるはずです。

スマートフォンのある生活にどっぷり浸っているユーザーにしてみれば、最近のスマートフォンには少々飽きているかもしれません。筆者もよく「スマートフォンの次に来るトレンドは何ですか？」という質問を受けます。こうした質問は、ビジネス的な視点よりユーザーの抱く好奇心から発せられるのかもしれないと、しばしば感じます。5Gへの期待は、成熟したように思えるモバイルインターネットに飽きつつあるユーザーの、次なる変革に向けた渇望の表れなのかもしれません。

その背景には、5G規格の標準化が前倒しされたこともあるでしょう。2017年2月のMWCで、世界中のモバイル通信業界の22社が5G標準仕様（以下、5G NR）の早期策定に関する共同提案に合意しました。この合意では、5Gによる具体的なサービス検討を進め、標準化活動で企業や研究機関が協力することを表明しました。加えて、2019年に大規模なトライアルか商用サービスを実施できるよう、標準化団体である3GPPに対して標準仕様の策定を急ぐことを提案することも定められました。

通信業界にとって、標準化や無線周波数の策定には大きな意味があります。当時、すでに日本の通信事業者は東京オリンピック・パラリンピック競技大会（以下、東京オリパラ）をターゲットに、2020年の5G商用化を表明していました。2020年にサービスを開始するためには、2019年中に設備投資や試験運用をスタートしなければなりません。そのためには2018年中に製品を調達する必要があったわけですが、標準化が間に合わなければ調達も試験も難しくなります。

一部の海外事業者は、日本よりも1年早い2019年中の商用化を検討していました。商用化を進めるには、そこまでに各国の規制当局が無線周波数の割当を決めなければなりませんが、技術規格が確定していないと割当方針さえ決められません。そのため、2017年春の時点で標準化のメドが立っていることが絶対に必要な条件だったのです。

ただし、実は5Gと一口に言っても技術は一種類ではなく、どの方式をどのように採用するかは通信事業者と電波行政を司る各国政府が決めていくことになります。

5G NRで定められた5Gの規格には、大きく二つの流派があります。まず、既存の4G／LTEと連携して動作する「ノンスタンドアローン」（以下、NSA）です。かいつまんで言えば、既存の4G／LTEネットワークを制御用に利用して、実際にデータをやりとりする部分（基地局と端末の間）だけを5G化するというものです。

もう一つは、電波だけでなく、その裏側を支えるネットワークも5G専用に設計・構築する「スタンドアローン」（以下、SA）です。ネットワークの更新を伴うので、普及するまでの手間やコストが大きくかかりますが、5Gの能力をフルに発揮できます。4G／LTEネットワークの普及が途上だった新興国、中でも自ら設備投資余力や技術開発力を持つ国は、NSAよりも5G単独で動くSAを重視します。

NSAとSAはそれぞれ一長一短があり、どちらが正解というわけではありません。NSAは合理的に見えますが、5Gの売りの一つである低遅延は（4G／LTEネットワークの影響を受けるため）必ずしも十分に能力を発揮できません。一方でSAは莫大なコストがかかる上に、ニーズが十分には顕在化していない中でネットワークをデザインするという難題を背負いますが、うまくいけば5Gがもたらすであろうパラダイム・シフトを将来的にけん引できます。

2017年の標準化前倒し要請を受けて、NSAは同年12月に、SAは2018年6月に、それぞれ「3GPP Release 15」として標準化が完了しました。どちらの規格をどのように選択するかは、それぞれの国々に委ねられることになります。4G／LTEネットワークの普及が進んでいる日本や米国を含む先進国の多くはNSAを選び、そうではない新興国や5G産業を自らの手で興そうと野心を抱く中国はSAを、それぞれ初手として選ぶことになりました。

いずれの流派も、共通するのは「まだ始まったばかり」という点です。それゆえに、本格的な設備投資を前に過剰な宣伝合戦が進んでしまっているというのが現状なのです。

●注目の産業は？

少なくとも黎明期＋ピーク期から2022〜2023年ごろまでの期間を考えれば、「ゲーム」と「動画配信」の二つに絞り込まれています。

5G商用化への本格的な準備が始まった2018年のMWC以降、通信機器の世界三大ベンダー（中国のファーウェイ、スウェーデンのエリクソン、フィンランドのノキア）はいずれも、動画配信とゲームを主要サービスと見定めて、通信料金以外の付加価値収入を狙うためのソリューションを、世界中の通信事業者に向けた製品として仕立てています。実際に商談も活発なようです。

特にゲーム開発の取り組みが活発化しています。その象徴はGAFAの一角であるグーグルとアップルです。２０１９年のＭＷＣが終了した直後、グーグルはStadia（スタディア）、アップルはApple Arcade（アップル・アーケード）というゲームプラットフォームの立ち上げを発表しています。

なぜゲームが有力なのでしょうか。理由の一つは、すでにユーザーが多く存在し、なおかつお金を払う（マネタイズ）という習慣がある、ということです。とりわけゲームの課金方法はさまざまで、マネタイズに関するイノベーションが進んでいるという言い方もできます。これは５Ｇの産業全体にとって大きな魅力になるのと同時に、ユーザーも自らの判断で５Ｇを自然に利用できるわけです。

５Ｇ時代のゲームは、スマートフォンだけでなく高度なネットワーク性能を活かせる家庭用ゲーム端末での利用も想定しているはずです。グーグルとアップルのいずれも、Google PlayやApp Storeという巨大なスマートフォンアプリのプラットフォームでゲームアプリを提供しているにもかかわらず、StadiaやApple Arcadeはスマートフォンゲームではなく従来の家庭用コンソールゲームのスペックを超えるハイエンドゲームをクラウド環境で提供することを目指しています。

そして、ゲームの先には動画配信が視野に入っています。２０１９年９月にオランダで開催された放送業界向けの展示会ＩＢＣ（International Broadcasting Convention）２０１９で、グーグルはStadiaとAndroid TVの統合を含めたロードマップを発表しています。

家庭用ゲームですからテレビとの連携は必須で、ユーザー体験としても「ゲームに飽きたら動画」（またはその反対）という流れは極めて自然なものです。おそらくアップルも同様の戦略を採ると思われます。多少タイミングが前後するにせよ、今後ゲームと動画は一体的な取り組みが進むでしょう。

こうした動向には、5Gの設備投資をしていく通信事業者も敏感です。すでにKDDIは動画配信サービスと通信料金をセットにした料金プランを発表しています。水面下では、5G時代にゲームや動画配信向けにインフラ利用を最適化することで得られるレベニューシェア（収益の分け合い）に向けた協議や開発が進んでいるようです。

【幻滅期】2020～2022年 モバイル利用より先に「屋内サービス」に変化

●どんな時期か？

日本では2020年から5Gの商用サービスが始まります。東京オリパラの開催に合わせて、春先にサービスをスタートするという華々しさです。しかし、その華々しさとは裏腹に、5Gの普及は当面厳しい状況が続くと筆者は考えています。

前述したハイプ・サイクルでは、「過度な期待」のピーク期を過ぎると、幻滅期が訪れることになっています。ピーク期に宣伝過剰となってしまう一方、まだサービスもインフラも十分にはできておらず、宣伝通りの成果が出ないからです。開始時は必ずスモールスタートを余儀なくされ、ユーザーの関心も薄れていくので、取り組みの見直しを迫られるのです。

これは5Gに限った話ではなく、AIや自動運転車など、多くの先進技術に共通して見られる傾向です。特に最近は、社会の停滞感を打破する希望を先進技術に求める傾向が強く、それを増幅する装置としてSNSが普及したことにより、技術者からすれば「製品化には10年早い」というような技術がまるで明日から使えるように宣伝されることが少なくありません。5Gも似たような状況で、2020年〜2022年ごろは「聞いていた話と違う」と感じるユーザーが多く出現するはずです。

その幻滅期の様相を知る手がかりとなるのが、2019年4月に5Gの商用サービスをスタートさせた韓国です。筆者は同年5月に韓国・ソウル市内で5Gを少しだけ体験してきました。その時の印象は、さながらポケモンGOのような感じでした。

多くの方がご存知の通り、ポケモンGOは町中を歩き回りながらポケモンを捕まえたりバトルするゲームです。ポケモンを探して歩き回ることになり、レアキャラが出てきたら人だかりができます。韓国で体験した5Gサービスも同じで、市の中心部でもなかなか5Gの電波を捕まえられません。そして5G電波が出現すると、途端に人が集まってきます。ところが期待したスピードは、速かったり遅かったり……。5Gの電波を捕まえた人の人数が増えると1エリアあたりの容量を超えてしまうので、また電波を捕まえられなくなって解散していきます。

ポケモンを探すのを楽しむゲームならさておき、モバイル通信の電波がポケモンGO状態では、一般ユーザーは閉口するでしょう。実際、通信品質の問題が指摘された結果、韓国政府が通信事業者や端末メーカー、通信機器ベンダーとともに「5Gサービス点検官民合同タスクフォース」を立ち上げました。

韓国は国のメンツをかけて5Gの準備を進めてきました。特にソウル市内は一種のショーケースですし、潜在ユーザーも多いので、相当な数の基地局を敷設したようです。しかも韓国は、日本での商用化に使われる周波数帯よりも少し低い（つまり日本より使い勝手がいいはずの）3.5GHz帯からスタートしています。その後、状況は少し改善されたと聞きますが、当時のことを思い出すと、普及までの道のりの険しさを痛感せざるを得ません。

こうした体験には前例があります。20年前に華々しくスタートした3Gのサービス開始時も、当初は使い勝手の悪さから、サービスを乗り換えたのにあえて2Gに先祖返りするユーザーが続出しました。いつ実現するか分からない付加価値サービスよりも、必要不可欠なサービスとそのためのインフラを選ぶのは当然の判断です。

ユーザーはこれまで「5Gの夢の世界」をさんざん吹き込まれてきました。5Gがスタートしたら、これまでにないユーザー体験が訪れると待ちわびています。しかし2020年時点では、そうした夢の世界はまだ提供されておらず、すでに成熟している4Gと比較すると5Gの理想と現実が明らかになります。

●どうしてそうなるの？

間違いなく幻滅期がやってくる以上、5Gをビジネスに活用するには、いつ始めるかが極めて重要です。これを見極めるには、通信事業者のサービスの普及ペースを見通す必要があります。

通信事業者は5Gサービスを一気には始めません。通信産業は、通信事業者による設備とそれを使った運用（サービス提供）がなければ何も始まらない装置産業です。鉄道や航空がそうしているように、5Gも通信事業者が先行投資すれば問題は解決するようにも思えます。しかしこの先行投資は、これまでも設備産業の経営にとって大きな鬼門でした。実際に世代交代が進む4～5年の間、技術や規格の選択を間違えたり、需要喚起のやり方を誤ってしまうと、どんなに大きな企業でもあっという間に吹き飛んでしまいます。例えばNTTドコモは今後5年間で1兆円程度の5Gの設備投資を見込んでいます。とんでもない金額のように見えますが、通信業界の相場観からすると控えめな数字です。このように、洋の東西を問わず通信事業者の多くは、常に保守的過ぎるほど慎重な態度で通信規格の世代交代に臨んできました。

新しい通信規格を導入するには、当然ながら新たな設備投資が必要です。しかし新しい設備を使ったサービスをユーザーがすぐ使ってくれるかは分かりません。なおかつ設備投資は初期段階で最も高いコストがかかります。仮にユーザーから批判の声が上がっても、モバイル通信事業者の経営を考えれば慎重にならざるを得ません。こうしたジレンマが、韓国の5Gサービスのような〝ポケモンGO状態〟を生み出します。

米国も似たような状況です。最も先行したベライゾンは2019年中に全米20都市をカバーすると宣言しているものの、4月の開始時点ではシカゴとミネアポリスの2都市だけ、次いで6月にデンバー、7月末までにワシントンDCやアトランタを含めた6都市と徐々にエリアを広げている状況です。しかも、ニューヨークのように人口密度や集積度（高層建造物の多さ）の面でエリアカバレッジが難しい超巨大都市などは、後回しにされているようです。

これらの先行事例から考えると、日本でも2020年に商用化がスタートするものの、5Gの利用可能エリアはそれほど広がらないはずです。最初に5Gサービスがスタートすることがほぼ決まっている東京でも、オリパラ会場の周辺はそれなりに使えると期待できるものの、それ以外は手薄になる可能性が高いでしょう。2020年内に東京都内全域で使えるようになるとは思えません。日本全国でも、2020年内は東名阪の中心部、もしくは反対に人口の少ない地方都市のどこかで使えるようになるというのが現実的な見立てでしょう。

こうした事態を見越した日本政府は、2019年6月に閣議決定された「経済財政運営と改革の基本方針2019」において、「2020年度末までに全都道府県で5Gサービスを開始するとともに、2024年度までの5G整備計画を加速する」という方針を示しました。同年7月の全国知事会でも、この方針を踏襲した「富山宣言」が採択されており、2020年度末、つまり2021年3月末までにすべての県庁所在地で5Gサービスの開始を目指すと約束「させられている」状況です。少なくとも2020年前半では、全国的に見ても東名阪の中心部までと考えておくべきでしょう。県庁所在地以外の地域まで5Gが普及するのは、どんなに早くても5G対応版のiPhoneの発売が見込まれる2020年9月以降、実際にはさらに2~3年程度かかるはずです。

こうした設備投資を巡る根本的な要因以外にも、5Gの普及には課題があります。例えば、当面は5Gの特徴として喧伝されてきた機能をユーザー体験として理解する機会が乏しいことです。5Gの売り文句として「超高速、低遅延、多数同時接続」が挙げられていますが、多数同時接続の恩恵はむしろサプライヤー側（通信事業者や通信機器ベンダー）にあるので、そもそもユーザーは体験しづらいのです。また、4Gネットワークに依存する「NSAの5G」という構造上の問題から、低遅延もそう簡単に体験できません。4Gの（それほど優秀ではない）遅延性能の影響を受けてしまうからです。残るは超高速ですが、特に日本の場合、皮肉なことに4Gネットワークの完成度が極めて高く、4Gに依存したNSAで5Gを提供しても、ユーザーが4Gとの違いを感じられるのは「瞬間最大風速」、つまり5G利用時に一瞬訪れる高速通信の機会に限られそうです。

ならば中国のように「SAの5G」を推進すればいいのではないかという声も出てきそうですが、さにあらず。要件だけを見ればSAは「完璧な5G」なので、当然期待は大きくなりますが、SAをベースにした5Gのユースケースは世界的に見てまだありません。すでに自動車分野での用途が期待されていますが、普及は早くても「啓蒙活動期」の後期から「安定期」になるでしょう。

端末側の問題もあります。本書の発刊時点では、5G対応スマートフォンに電池容量や発熱などの課題が散見されます。これらの課題は徐々に解消されていくと思われますが、この「徐々に解消」も普及状況（つまり端末の出荷台数）に依存します。ところが肝心のモデムチップは、クアルコムとの戦いに敗れたインテルの出遅れとアップルへの事業売却によって、当面は世界的にクアルコム中心の供給になることから、5G普及初期段階のボトルネックになると懸念されています。「啓蒙活動期」の前半には他の半導体ベンダーによる供給が拡大しているはずですが、幻滅期の間はやや停滞感が生じる可能性があることは否めません。

幻滅期の5Gで最も普及が進む端末は、スマートフォンではなくCPE（Customer Premises Equipment）と呼ばれる宅内装置、つまり家庭内で5Gを使うためのWi-Fiルーターではないかと思っています。5Gで使う高い周波数帯の無線は、当面の間、屋外のヒトやクルマ、モノが動き回る空間ではなくCPEが固定的に置かれる屋内環境のほうが使い勝手がいいはずです。モバイル通信としての5Gに多くのユーザーが幻滅している間に、固定ブロードバンドの代替品としての5Gが主に単身世帯を中心に進みそうです。

●注目の産業は？

前段の黎明期＋ピーク期では、注目される産業としてゲームと動画配信を挙げました。グーグルやアップルの事例を紹介したように、ゲームはすでに具体的な動きが始まっています。一方で、動画配信はこの時期に大きく変貌を遂げていくと考えられます。

幻滅期はピーク期の反動があるため、ユーザーの態度は総じて保守的になっています。そのため、自ら進んで使う動機が弱いアプリケーションや、全く見たこともないようなサービスには手出ししないという状況が続くでしょう。ゲームは現時点でユーザーの動機が顕在化しているため、ピーク期から事業開発したりサービスを試験的に提供するとよいでしょう。一方の動画配信は、まだユーザーがさまざまなサービス形態に慣れていない状態なので、徐々に進化していく形でユーザーへの浸透が進むはずです。

実際、動画配信と一口に言っても、ネットフリックスやアマゾン・プライムのようなオリジナルコンテンツの制作に大きく乗り出した有料動画配信プラットフォームもあれば、ユーチューブのような無料動画投稿サービスもあります。日本国内ではAbemaTVやニコニコ動画もあり、百花繚乱の状態です。ただし、産業としての動画配信は、まだ十分に育ってはいません。理由はいくつかあります。

一つは、動画配信サービスの広告プラットフォームが未成熟であることです。無料配信サービスの場合、ビジネス面では広告収益に依存しがちですが、日本限定の動画広告配信ビジネスは市場の黎明期に事業者が出遅れたこともあって育成が遅れています。

他方の有料動画配信プラットフォームは、グローバルな大手事業者による寡占が進んでいます。巨大化したプラットフォーム事業者が市場を歪めるという問題意識で、規制の可能性についての検討が進められていますが、それくらい彼らの動きはパワフルです。通信事業者も、動画配信がゲームと同じように5Gの普及を推進すると期待を寄せています。

ただし、動画コンテンツは権利者の意向が配信の有無に大きく影響する分野です。現在でも日本の有名映画監督の作品が、こうしたプラットフォームでは一切視聴できないというケースが散見されます。そして日本のユーザーは言語の問題から、自国のコンテンツになじみがあります。プラットフォーム事業者が成長するからといって、権利者がそれに同調しなければ、日本発の動画コンテンツの流通が拡大するとは限りません。

このように、日本の動画配信は、ユーザーの理解が進んでいるのに市場形成が未成熟という状態がこの時期も続きます。しかし、裏返せばまだまだ多くの可能性を秘めているということです。さらに動画配信ビジネスで見落とされがちなのが、日本では「テレビ」という〝巨人〟がいまだ健在だという点です。

インターネットの普及によってテレビの勢いは低迷しているという見方があります。確かに広告収入のベースで考えれば、インターネット広告市場の急成長に対して、テレビ広告は成長が横ばいに見えます。加えて、地方ローカル局の経営は曲がり角を迎えており、東京オリパラの特需が終わる2021年以降、地方経済の衰退とともに一部で経営危機が表面化するのではないかと懸念されています。

しかし日本全体で考えてみると、リーマン・ショック以降のテレビ広告市場は、年ごとの増減はあるものの、トレンドとしてはGDP成長率と同程度には微増しています。テレビの視聴時間も、他のメディアと比較した割合こそ低下しているものの、絶対的なメディア総接触時間が伸びていることから過去10年程度では大きく変化しておらず、直近5年ではむしろ回復傾向にあります。

また、NHKと民放のそれぞれにIP同時再送信（放送波で放映するテレビ番組のインターネット再送信）を可能とする改正放送法が施行され、いわゆる民放在京キー局の取り組みも加速しています。民放各社と大手広告代理店で設立した無料動画配信サービス（アプリ）であるTVer（ティーバー）の普及も進んでおり、2019年8月からNHKの参加も始まりました。テレビ放送そのものの社会的な価値が継続しているうちに、従来の広告モデルから付加価値収益を高めるビジネスモデルにシフトするための模索が続いています。

テレビを含めた動画配信は、5Gの普及とは関係のない個別事情で普及を加速させてきましたが、まだ発展途上にあるのが実態です。そうしたトレンドを5Gの普及に利用しつつ、一方で動画配信側の課題（マネタイズの可能性）を5Gが解決できるのであれば、幻滅期の5Gにとって一筋の光明となる相互補完的な関係が構築できそうです。

【啓蒙活動期】2023~2025年 少子高齢化社会の課題解決インフラに成長

●どんな時期か？

幻滅期を乗り越えた5Gは、2023年ごろから普及に向けた本格的な取り組みが始まります。ただ、4Gまでの普及とは様相が少し異なり、5Gには従来のモバイル通信技術とは異なる二面性があります。それはモバイル（屋外利用、移動距離が大きい）だけではなく、固定（屋内利用、移動距離が小さい）もカバーした技術だということです。

固定もカバーする使い方は、4G／LTEでも散見されていました。4G環境が整備された都市部を中心に、家庭内では固定ブロードバンド回線を契約せず、生活のすべてをモバイルルーター（またはスマートフォンのテザリング）で対応するというスタイルです。4Gの普及当初は帯域制限の壁にぶつかったり、通信量の上限を迎えることによる「パケ死」がすぐに訪れていました。しかし近年は制限が緩和されたことで、よほど無茶な使い方をしなければ単身世帯ならモバイルルーターだけで十分というユーザーも見かけます。最近は、4G回線を使った家庭内利用向けのサービスを通信事業者自身が手がけてもいます。

こうした利用スタイルを、インフラ側から強化していくのが5Gです。技術仕様は明らかに家庭内での利用を意識しており、標準化を進めた事業者たちが当初からある程度は狙っていたことがうかがえます。

この時期の5Gは固定利用、つまり家庭や仕事場でのユースケースのほうが具体化しているはずです。モバイルでの利用はこの時期にようやく設備投資が本格化して、利用できるエリアが広がっていく状況です。固定利用のほうが設備投資を限定しやすく、人間の日常生活の多くが屋内で営まれていることを考えれば、固定利用が先行するのはむしろ自然です。

加えて、家庭内での5G利用は幻滅期までにニーズが大きくなったエンタメ（ゲームと動画配信）が需要をけん引するはずです。そこから他の機器のネットワーク化（情報家電化）も今まで以上に進んでいくでしょう。この延長線上で注目されるのがスマートハウスです。それも、スマートスピーカーなどによる単純な利便性向上ではなく、高齢者や要介護者の見守りや介助支援といった具体的なニーズを充足するソリューションです。

2025年には、団塊の世代がほぼ全員75歳以上となります。少子化も相まって、その先しばらくの間、日本の人口の3分の1程度が高齢者になると見込まれます。それに伴い、高齢者の5人に1人が認知症を患っているとの予測も出ています（いずれも厚生労働省調べ）。人口の3分の1が高齢者で、高齢者の5分の1が認知症、ということは、単純計算すれば日本全体の15人に1人が認知症だということです。分布やばらつきを考慮しなければ、ラッシュ時の山手線1編成につき150人近く認知症の方が乗っていることになります。社会全体で支えなければ、対処は到底不可能です。

5Gサービスはこうした日本ならではの社会課題の解消に大きく貢献する可能性があります。5Gによって制御されたセンサーがあれば、家庭内でもしっかり見守りができますし、モバイル技術でもある5Gは、認知症患者が屋外に徘徊した場合にも通知できます。VR技術によって身体機能を回復するためのリハビリを支援したり、脳に刺激を与える動画コンテンツの提供も考えられます。もっと積極的に考えれば、認知症患者であっても健常者が有する自由さを、生活の一部に取り戻すことができるかもしれません。

また、仕事場での5G利用も進んでいくはずです。ホワイトカラーの労働環境において、人手不足と働き方改革という大きなトレンドが変わることはおそらくないでしょう。抜本的な業務プロセスの効率化を踏まえ、自動化できる業務を人間から機械に渡していくニーズは、5Gの普及にかかわらず拡大を続けます。ということは、機密性や即時性など、業務内容の要件も一層高まるということです。従来のWi-Fiベースのインターネットよりも、通信事業者が管理した5Gネットワークのほうが信頼できるという局面は、あちこちで登場するでしょう。

また、働き方改革ではテレワークがこれまで以上に重要になるでしょう。現役世代には、子育てだけでなく介護対応も重くのしかかります。こうした社会的要請から、オフィスの外でも仕事を進めるスタイルが今以上に広まるはずです。

この時、テレワークに慣れた人だけではなく、誰もが会議や共同作業ができるということが、要件として求められます。間違いなく、5Gによって遅延が解消されたVR技術の出番です。

当然ながら、仕事場はオフィスだけではありません。日本を支える製造業や農業ではデジタル・トランスフォーメーションの必要性が叫ばれていますが、サプライチェーン全体の改善による生産性向上はもちろん、モノ（部品）のトレーサビリティによる「メイド・イン・ジャパン」というブランド価値向上も、スマートファクトリーの重要な目的の一つです。工場も農場も、部外者の侵入や勝手な操作は非常に大きな悪影響をもたらすことから、「5Gのほうが信頼できる」という考え方が普及する素地は十分にあります。

●どうしてそうなるの？

幻滅期を生き残った技術には共通する特徴があります。その技術が何のためのものなのか、それを誰が提供すると有効なのか、技術だけでは足りない要素をどのように満たすのか、といった理解が、ユーザーも含めたステークホルダー間で深まることです。つまり5Gにできること、してほしいことが明確になるわけです。

ユーザー体験という観点では、5Gに「できること」は技術要件だけではありません。例えば5Gネットワークにつながっている見守りシステムであれば、より安心に要介護者をサポートすることができる。ヘルスケアの観点で自分自身が見守られる場合でも、5Gであればプライバシーの心配をせずにサービスを受けられる。ビジネスシーンで進むデジタル・フォーメーションでも、5Gのほうが信頼性が高いというようなことです。

こうして信頼性が確保されたサービスの一括提供を、通信業界では以前から「マネージドサービス」と呼んでいました。近年ではユーザー体験を拡張する形で「トラスト」とも称しています。

まずはサービス提供側の深い理解が、トラストの必要条件です。現時点でも、トラストを理解できない事業者はデジタル社会において無責任な存在として市場から退場させられています。2019年だけでも、大手コンビニ事業者によるQRコード決済の失敗や、大手就職斡旋事業者による新卒就活サービスでのデータの目的外利用や同意を得ない第三者提供などの事件が立て続けに起きました。

また、トラストという概念はユーザーも巻き込んで構成されます。トラストを知らないユーザーは、サイバー犯罪の被害に遭いやすくなります。適切なトラストの方法や水準を理解できないと、自分が使うサービスが本当に良いものかも判断できません。

一方で「してほしいこと」も理解が進むはずです。例えば安心して見守りサービスを受けるためには、見守りの対象が特定されていることと、動きを常時モニタリングしていることが必要です。その上で、見守りの対象が次に何をするかという予測と、それによって事前に発動する警告、さらに言えば危険行動の場合にそれを抑制するための行動が、システム全体に期待されます。この考え方は、介護だけではなく、仕事場の業務プロセスでも同じです。これを実現するためには、情報が安全に収集・管理されていること、精度の高い予測が実現していることが求められます。やはりここでも、技術だけではない5Gのトラストが求められるのです。

モバイル通信事業者が発表している5Gの中長期見通しによると、2023年以降は日本国内でも少しずつSA（つまり4Gに依存しない純粋な5Gネットワーク）の普及が始まっていると予想されます。SAの普及が進むと、いよいよ本格的な低遅延通信が実現しますが、それを最大限に活用するためのソリューションとして、1章で触れたモバイルエッジコンピューティング（MEC）の普及が期待されています。

MECを用いればデータの流通範囲を制限できるため、プライバシーの課題を減らさせる可能性もあります。例えば最近世界中で採用が進んでいる「顔認識システム」は、プライバシー意識の高い欧州だけでなく米国においても利用を制限する取り組みが進んでいます。この技術自体は社会全体の効率を高めるものであって、今後どのように調和させていくかが課題です。

その際に重要なのは、事業者側は何のために顔認識したいのか、ということです。一般的な利用目的としては、特定の個人を識別するためではなく、広告配信やおすすめ商品をレコメンドするために「40代・男性」といった統計的な属性を判断できればいいという場合がほとんどでしょう。だとしたら、カメラの近くにある簡単なコンピュータで対応できれば処理効率の向上とリスクの低下を両立できます。

海の向こうに拠点があるクラウドサービスに頼らず、簡単なことは現場で解決する。こうした発想で、MECの中に機械学習による認識技術を組み込むという「エッジAI」は、MECの出番が大きく期待されるコンセプトの一つです。5Gに常時接続するカメラセンサーの普及とセットで広まっていくことが期待されています。

●注目の産業は？

ユーザー視点で期待される産業分野にはヘルスケアがあります。ここで言うヘルスケアは包括的な概念で、医療、介護、スポーツ、介護者支援、見守り、住宅メーカー、警備会社、場合によっては地方自治体も混ざり合って総合的なサービスを提供することになります。ヘルスケア分野の総需要は拡大の一途で、それに対する供給が改善されるメドは立っていません。もはや期待などという言葉では足らず、「何とかしなければ大変な社会問題になる」というくらい切迫した状況です。5Gを含めた最新技術による課題解決が求められます。

仕事場での5Gの普及という意味では、前述したテレワークやビデオ会議に大きな期待が寄せられています。エンタメ分野で培われたVR技術を用いて臨場感のあるテレワークやビデオ会議を実現できれば、ゲーム以上にVRの普及を促すかもしれません。加えて、工場や農場の現場でも、生産機械やプラントのベンダーによるスマートファクトリー化や新たなサプライチェーンマネジメントが期待されています。

両者に共通するのは、通信の対象が「個」から「個と周辺」に拡張しているということです。5Gが実現するソリューションは、人や機械が動く際に生じるプロセス全体を最適化することを念頭に置いています。5Gの技術的な特徴である「超高速、低遅延、多数同時接続」によって、これまで見落とされていた周辺の状況までも、低コストかつ高品質に把握できるようになるからです。

ただし、周辺の状況まで分かるようになれば、情報の解像度は大きく上がります。それは、個人にとってのプライバシー、企業にとっての営業秘密をどう守っていくかという重大な課題を突き付けます。5Gはこの点でも、要件に応じてネットワークを使い分けるネットワーク・スライシング技術や、前述したMEC技術によって、トラストの向上を目指します。これが4Gネットワークとの大きな違いでもあります。4Gのパラダイムは、あらかじめ決められている（または広告などのターゲットとして狙っている）特定の個人や機械を識別するということに注力していました。それは、技術品質とコスト効率の両面で合理的だったからです。5Gはその両面をより高い水準に引き上げつつ、今日生じているさまざまな懸念に対しても一定の配慮がなされます。例えば、レストランでテーブルを囲んでいる人たち全員に料理や飲み物を提案するように、複数人によって構成された小規模集団を対象にしたサービスが考えられます。

こうしたサービスの開発を検討するには、5G単体ではなく、AIシステムやIoT機器の開発者との協働が不可欠です。前述したソリューションは、分野や対象を問わず、すべてAIによる予測が価値の源泉になっています。単純な人手不足を補うというだけでなく、人間には判断が難しい多種、多様、多量な情報を処理するためにも、正確な予測への期待が高まります。

こうして「予測前提の社会」を実現する上で、AIが頭脳だとすれば、IoT機器が感覚器、5Gは神経系の役割を果たします。AIという頭脳が高度化するには、人間の身体がそうであるように、研ぎ澄まされた感覚器が身体のあちこちに張り巡らされ、それらが神経系という高度なネットワークで頭脳に直結してフィードバックされる必要があります。その神経系となる5Gネットワークは、高い品質だけでなく、期待通りに等しく動作しなければなりません。そのため5Gには、技術規格の標準化だけでなく、その実装がオープンに進められ、障害時の代替可能性も含めたより大きな意味での安定が求められます。

このオープン性を保つためには、4G／LTE時代のモバイル通信事業者が中心となった（またはモバイル通信事業者のみによる）インフラ提供ではなく、通信事業者以外も含めたより多様なプレーヤーの参画が必要です。モバイル通信事業者が万能ではないことは、自然災害の発生時を思い起こせば容易に想像できますが、彼らに一層高い水準の責任を押し付けていくのではなく、さまざまな代替手段を5Gで束ねるという発想が、より強靭な社会インフラの実現を促すでしょう。

逆に言えば、5Gへの移行が進むことで、ともすれば閉鎖的な側面もあった4Gまでの通信産業をより社会に開いていける、ということでもあります。それにより、これまで「コネクテッドされていなかったサービス」のコネクテッド化が加速するのです。

【安定期】2026〜2029年

社会全体をつなぐ「フルコネクテッド」が実現

●どんな時期か？

安定期に入ると、5Gに対する疑念は払拭され、多くの人たちが5G環境を受け入れているでしょう。5Gが高い水準のトラストを技術的に実現できることと、トラストを前提としたサービスが社会的に期待されていることから、5Gが目指してきた「予測前提の社会」が形になり始め、その便益が多くの人に広がっていきます。

その結果、簡単に言えば「現在はまだつながっていないものがどんどんつながる」という世界が実現します。例えば家電製品はもっと接続されていいはずですし、自動車のコネクテッド対応も今以上に進むでしょう。街中にある自動販売機やデジタルサイネージ端末、果てはコンビニの（レジ周りではなく）棚や冷蔵庫、カフェの椅子やテーブルも通信ネットワークにつながっていくでしょう。

結果として、これまで通信サービスとは無縁だったサービスが、5Gによって付加価値を向上させて新市場を形成していくことになります。5Gサービスの産業規模はそれまでとはケタ違いになるでしょうし、市場の考え方から見直さなければ全体の規模や事業性を把握できないかもしれません。

例えば友だち同士が会って話したいと思った時、従来は待ち合わせ場所を決めて合流する必要がありました。しかし互いが5G環境の中にいるなら、それぞれが乗ったコネクテッドカーが、お互いの前後の予定や街中のカフェの混雑状況を勘案しながら、思いもつかなかったおすすめのカフェを提案してくれるかもしれません。

すでに現在のスマホ・ネイティブたちは、筆者の世代のように「○月×日、渋谷駅ハチ公前に夕方5時」というような約束の仕方ではなく、LINEのようなチャットアプリで「これから渋谷辺りで会える?」とやりとりして待ち合わせをしています。この〝ゆるやかなつながり〟を安定期に入った5G環境がサポートすれば、本人はボーッとしたままでもサービス側が待ち合わせ場所を最適化してくれるでしょう。

この時期には、6Gへの期待が大きくなっているかもしれません。5Gでできることをやり切るメドがつけば、その頃には人間の欲求が先に進んでいるはずです。5Gを改善する技術としての6Gが、おそらく最も難易度が高く、多くの人が期待する自動運転車を実現可能なものにするはずです。ここまで来れば社会全体が大きく変わり始め、6Gは本当の意味での社会インフラとしてデザインが進むと考えられます。

一方、4Gのユーザー体験、すなわちスマートフォンとアプリの世界も、一定程度は残存しているはずです。スマートフォンが普及した現在もパソコンがなくならないのと同じで、スマートフォンで使うことが合理的と考えられるアプリとユーザーが残る限り、一定の居場所が残るのです。ただしこの頃になると、さすがに4Gが古く感じられるかもしれません。前述したような「どんどんつながる世界」において、スマートフォンに閉じ込められたサービスは色褪せ始めていると予想するのが自然です。近年、パソコンを前提としたWebサイトが少しずつ減ってきて、スマホ向けサイトをパソコンで見るという機会が増えていますが、これと同じように事業者はユーザーの動向を見ながら少しずつ5Gへの移行を進めるでしょう。

となると、多くの方が関心を寄せる「スマートフォンの次」も、もしかすると2026年ごろには具体化しているかもしれません。啓蒙活動期に台頭すると考えられる、スマートハウスやスマートファクトリーといったソリューションです。こうしたソリューションには、動画やゲームといったエンタメ要素やVR技術などが取り込まれているので、「スマートなんとか」という言葉よりも外形的な形状を持つサービスやデバイスの名称のほうが生き残りやすそうです。

●どうしてそうなるの？

安定期は、啓蒙活動期に立ち上がったSAが大きく普及する時期です。4Gに依存しない純粋な5GネットワークであるSAの普及が進めば、当初から5Gに期待されていた性能、すなわち超高速、低遅延、多数同時接続、ネットワーク・スライシングなどの特徴をフルに発揮することができます。特に本来通りの低遅延が実感できるようになると、それを活かしたソリューションへのニーズはさらに高まるでしょう。例えばＭＥＣのような技術がその真価が認められ、「稼げるシステム」としての位置付けを明確化していくはずです。

また、この時期の５Ｇは「モバイル、固定、Ｗｉ－Ｆｉ」のすべてを飲み込むネットワーク基盤になる可能性を秘めています。啓蒙活動期でも触れましたが、５Ｇを技術規格として改めて見直すと、それぞれのカテゴリーを飲み込むことを前提としているからです。安定期に規格やインターフェースがそろった場合、５Ｇが天下を統一する状態になるかもしれません。

これまで物理的にも規格的にもバラバラだったデジタル通信のアクセス部分が統合されていくインパクトは、ユーザー体験はもちろん産業としても巨大なものです。現在その役割を暫定的に担っているのはＷｉ－Ｆｉで、どんな機器にもＷｉ－Ｆｉが付いているという状態ですが、これは設定の面倒くささや切れ目のないサービス提供のボトルネックになっています。端的に言えば、現状はサービス内容以前の入口部分で事業機会を失っているということです。

５Ｇサービスは、生活空間のあちこちに入り込み、いろいろなモノをコネクテッド化していきます。その結果、さまざまなデータを取得できるようになり、予測に基づく事故の抑制や効率化、さらには満足度の向上を実現していきます。１章ではこのパラダイムを「予測を前提にした社会」と表現しましたが、おそらく安定期にはこの概念が積極的に受け入れられるようになるでしょう。

こうした状況をSF映画のようなイメージで気持ち悪いと考えるユーザーも出てくるかもしれません。ただ、私たちはすでに今日、インターネット通販をはじめさまざまなシーンで「予測」を受け入れ始めています。この場合、むしろ大事なのは予測そのものではなくその「正しさ」です。すなわち、当たらずとも遠からずだけど自分向けの予測ではない、という中途半端さが、気持ち悪さの一因でもあるのです。米国ホワイトハウスが2016年に発表した「PREPARING FOR THE FUTURE OF ARTIFICIAL INTELLIGENCE」という報告書でも、男性を女性と識別してしまうようなAIプロファイリングの間違いは深刻な問題を引き起こすと指摘しています。逆に言えば、AIが予測対象を間違わない精度とデリカシーを持ち合わせるようになり、プライバシーへの配慮もなされた正しいトラストが構築された環境なら、予測技術は浸透していくはずです。

こうして新しいパラダイムが受け入れられ、SAベースの5Gネットワークが広く普及した時、4Gはいよいよ時代遅れになっていくでしょう。5Gの通信品質も、その品質を前提としたサービスの高度化でも、もはや4Gでは太刀打ちできません。できることと言えば、スマートフォンでアプリを使うくらいで、それはもはや「3Gのガラケーで電話をかける」のと同じくらいの感覚になっているはずです。

こうなると、4Gは無線周波数を非効率に占有する邪魔者として扱われ、少しずつ退場が近づくでしょう。おそらくそれは、2030年前後ではないかと考えています。

●注目の産業は？

安定期に注目される5Gサービスとして、先述したコネクテッドカーが挙げられます。車体としてのコネクテッドカーもあれば、サービスとしてのMaaS（サービス化されたモビリティ）もあります。両方ともモビリティの新たな世代を切り開くべく、世界中の事業者がしのぎを削っていますが、いずれも自動車会社だけのものではなく、鉄道事業者や不動産デベロッパー、サービス事業者など関連しそうな多様なプレーヤーがコラボレーションしているのが特徴です。

すでに4Gのサービスを利用したコネクテッドカーは存在しています。ここ数年で自動車がスマートフォンと接続するようになっていたり、カーシェアリングの普及が進んだことで、その概念自体は身近なものになりつつあります。しかし、4G時代のコネクテッドカーは、インターネット接続がいわば付加価値であり、「つながらなくても別にいい」というようなものです。

一方、5Gの安定期に実現されるコネクテッドカーは、自動車が外部環境（ほかの自動車や道路、あるいは街中の情報）と通信し、互いが協調しながら移動や運搬の合理化を目指すというものです。すなわち、モビリティの最適化を進めるための不可欠な手段として5G環境を必要とするため、「つながらなくては困る」のです。

そんな高い次元のコネクテッドカーは、単なる移動手段としての役割を超えた存在になるのかもしれません。コネクテッドカーを生活のツールとして捉えてみると、5Gネットワークによって家庭や仕事場、あるいは街全体が高度化したスマートシティにおける「端末」の役割を担っているはずです。

そのためには、高度な通信環境が自動車にも内蔵され、街中にも普及している必要があります。すなわち、5GネットワークとそのシステムのーつであるMECが必要です。逆に言えば、5GネットワークとMECが街全体という単位で実装されるメドが立たない限り、コネクテッドカーは極めて初歩的な段階で停滞することにもなります。

インフラの拡充という視点で考えてみても、コネクテッドカーやMaaSは興味深い存在です。すでにトヨタ自動車が「eパレット」というコンセプトを発表していますが、通信という観点からも、クルマは単なる端末ではなく、近隣住民へコネクティビティを提供する基地局になっているという構想もあります。プラグインハイブリッドカーは自宅の電源代わりとしても使えるようになっており、さらに用途を広げてご近所へのコネクティビティ供給源に発展するかもしれない、ということです。

だとすると、5Gの安定期における通信事業者の役割も変わるかもしれません。スマートフォンやアプリ向けのサービス提供者だけではなくなり、お金の稼ぎ方も変わっているはずです。私たちの日常生活に正しく接点を持つ事業者とのコラボレーションが生命線となり、商社や不動産デベロッパー、広告代理店のような事業開発機能が求められます。あるいは地域の電力会社のような役割と同様に、コミュニティの情報流通を支援する役割が期待されます。

注意したいのは、「完全自動運転」を後押しする環境は5G時代には整備されないだろう、ということです。高速道路におけるトラックの隊列走行など、利用環境が限定された自動運転の実験が始まっているので、自動運転は間もなく実現すると思われがちですが、街中を縦横無尽に走り回る完全自動運転の自動車が出現するのは早くとも2030年代になるはずです。つまり6Gこそが完全自動運転のターゲットになるのでしょう。これは、5Gの能力だけでなく、自動車技術の問題やそれを受け入れる法制度、社会インフラの問題なので、そう簡単に前倒しはされないでしょう。

スマートシティで私たちの生活を支援するのは、自動車だけではありません。例えば身体拡張デバイスがあります。といっても頭に電極を刺すようなSF的な代物ではありません（実はそれもすでに米国などでは研究されていますが、5Gに間に合うかは分かりません）。それよりも現実的なのは、要介護者を介助する際に装着するパワースーツや、24時間健康状態をモニタリングするウェアラブル・コンピューティングの延長線上にあるものです。

パワースーツは、今日もすでに工場などの作業現場で用いられ、重いけれど繊細で複雑な荷物を運搬する時の利用が期待されています。しかし、パワーアシストの制御を間違えると、人間の身体にダメージを与えかねません。こうした現場では、単に高性能というだけでなく、真正性や完全性を担保するような「トラスト」が求められます。また、単なるパワーアシストだけでなく遠隔操作を求められる場合は、遅延なく複数の情報を同時に送受信できるようなネットワークの品質もより高いものが期待されます。その意味でも、5Gに期待される機能や役割は大きなものがあります。

5Gが安定期に入った頃には、すでに6Gに関する議論が本格化しているはずです。つまり、ここで説明したようなサービスや事業形態が、6Gへの架け橋となっていくのです。

Column

5G時代の通信キャリアに迫る三つの変化

5G時代に、通信事業者のビジネスは大きく変化します。通信事業者は、日本に暮らすほぼすべての人が回線契約し、売上も大きい企業です。それゆえに、その動向は5G普及の行く末はもちろん、社会全体にも大きな影響をおよぼします。そこでここでは、主に通信産業の構造を念頭に置きながら、通信事業者のビジネスがどのように変化するのかを検討してみます。

自社インフラの所有からシェアリングへ

5G時代に大きな変化が見込まれるのが、通信事業者と通信インフラの関係です。4Gまでの日本の通信事業者は、原則として都市部を中心に基地局やコアネットワークの設備投資を自社で行い、自社サービスのために用いていました。そのため、通信インフラは通信事業者が所有する資産として、バランスシートにも計上されています。

一方、5G時代は必ずしも自社が設備投資した通信インフラだけを使うわけではありません。ニーズによっては、同業他社が設備投資した基地局などの「他社資産」を借り受けながら通信サービスを提供する可能性があります。その理由は、特にSA時代の5Gインフラの設備投資が、面的・空間的に大規模になるためです。

4Gまでの基地局の設置は、屋外では「マクロセル」という方法が主流でした。大規模基地局を地域に一つ建てて、それを多くのユーザーで共用するという形です。これは、需要と供給の見通しが適正であれば、通信品質に対するユーザーの満足度を一定水準以上に維持できます。また、設備投資効率も良く、通信事業者にとって望ましい方法です。

一方、電波の届きにくい屋内や、需要に供給が追いつかない場所などでは、特に4Gになってから「マイクロセル」という方式が少しずつ増えてきています。これは、フロアに一つ、あるいは部屋に一つという単位で基地局を設置し、空間と容量の両方の需要に応えようとするものです。すでに現在、Wi-Fiルーターや火災報知器くらいの小型基地局を、オフィスビルなどで見ることができます。

マクロセルとマイクロセルを比較すると、設備投資効率という観点では前者のほうが圧倒的に有利です。マイクロセルは簡単に構築できるように見えるものの、実際にはそれぞれの部屋や廊下の一つひとつで設置工事を行わなければならず、電源やネットワークのつなぎ込みなど施設内での配線工事も必要です。さらに、他人が所有する不動産に対して工事しなければならないので、許諾を得る必要がありますし、対象となる空間を利用しているテナントの業務を一時的に取りやめてもらうなどの交渉や、休業補償なども発生します。

5Gでは、屋内外を問わずこのマイクロセル方式が主流になると見込まれています。1章で触れた通り、5Gが使う無線の周波数帯は極めて高く、光のような特性を強めているため、電波があちこちに回り込みにくいからです。極端に言えば、屋外にあるマクロセル基地局からの電波は、ガラスやカーテンなどによって反射・拡散し、部屋の奥までまともに届かない可能性があります。屋外でも、街路樹や看板といった障害物にさえぎられてしまうかもしれません。そのため、屋内向けはもちろん、屋外向けでも、あちこちに小さな基地局を設置してカバーしていく必要があるのです。

このマイクロセルのアプローチで、通信事業者がこれまでのように競争して設備投資を進めると、需要の多いエリアでは通信事業者による熾烈な「場所取り合戦」が起き、一方で需要の少ないエリアには見向きもしない、というような不均衡が生じるかもしれません。通信事業者の立場で設備投資効率を考えてみれば、そのような行動が、むしろ経済合理性に適っているからです。

そのため5G時代には、ある通信事業者が設置した基地局を、他の通信事業者が乗り入れて使う設備共用という考え方が期待されています。それなら、各事業者は設備投資効率を高めることができ、エリア拡大も期待されるからです。

実際、5Gはそうした設備共用を実現しやすい特徴も備えています。割り当てられる無線の周波数帯もそれぞれの通信事業者で同じようなところですし、IP化（インターネットの基盤技術を前提とした技術の共通化）が進んでいるため、技術面で通信事業者間の際立った違いはありません。

ビジネス面でも、すでに一部で共用の実績があります。日本国内では、地下鉄のトンネル内のモバイルインフラは、以前から公益財団法人移動通信基盤整備協会（通称トンネル協会）が物理的なインフラ資産を設置し、トンネル協会を構成する通信事業者で共用しています。さらにこうしたニーズを新たな事業機会として位置付ける新規事業者も登場しています。トンネル協会と同じような発想で、基地局などのインフラを設置する一方、設備所有者自身は通信サービスを提供せず、あくまで通信事業者に貸し付けることに徹する事業形態です。

こうしたアプローチは「タワービジネス」とも呼ばれ、越境を含めた通信事業者間のローミングが盛んな欧州や、資本市場からの資産効率化のプレッシャーが強い米国では、以前から普及しています。日本でも株式会社JTOWERが参入しているほか、基地局を設置する場所として電柱や地上用変圧器を有する東京電力なども関心を示しています。

また、こうした事業者だけでなく、場所と回線を保有する地方自治体などにも潜在能力があるでしょう。

このように、通信事業者が自社資産でサービスを提供する「垂直統合」アプローチではなく、通信インフラと通信サービスが分離する「水平分業」アプローチが、5G時代の通信事業者の事業構造を変化させる可能性があります。通信事業者の仕事の仕方や考え方をも変えるかもしれません。

ただし、こうした水平分業的なアプローチが完全に浸透するとしても、その時期は相当先になるでしょう。前述の通り、4Gと5Gはしばらくの間共存しますし、4Gはこれまでの垂直統合的なアプローチのままとなる可能性が高いからです。

水平分業的に5Gインフラを展開するニーズが強まるのはSA以降です。反対に、SAに至らないとそこまで水平分業のアプローチが採りにくいという、技術側の事情もあります。当面は、通信事業者が所有するインフラ、同業他社が所有するインフラ、それ以外の事業者が所有するインフラを組み合わせていくことになるでしょう。

面白いのは、そうしたパッチワークのような状況も、新しい事業機会になり得るということです。パッチワーク状態でも通信サービスの品質やセキュリティ水準を維持するためには、ソフトウェアソリューションが必要です。事故が起きることを想定した補償体制などもビジネスになるでしょう。

このような産業構造の変化と、それを事業機会にできるチャンスは、通信産業ほどの巨大な産業ではなかなか訪れません。早ければSAの普及が始まる幻滅期の後半から、変化が顕在化し始めます。そう考えると準備の期間はあまり長くありません。

トラストアンカーからトラストマネジャーへ

通信事業者の役割は、通信インフラの保守や通信サービスの提供だけではありません。特に契約ベースでのポストペイ利用（日本ではほとんどこの形態です）の場合、通信事業者には「トラストアンカー」としての役割があります。

トラストアンカーとは、本来はインターネットなどで行われる電子的な認証手続きのために置かれる基点のことです。一般的には、相手が通信をする対象として正しい存在なのかを確かめたり、電子データが途中で変更されずに、正しい状態にあるか確かめることを意味しています。特に、ある人が別の者の正しさを証明し、その者がさらに別の者の正しさを証明するというような正しさの証明を連鎖させることで情報流通を実現する仕組み（例えばPKIと呼ばれる公開鍵暗号基盤など）で、連鎖の基点となる存在をトラストアンカーと呼びます。

モバイルの通信事業者には、携帯電話不正利用防止法という法律に基づき、契約時に本人確認を行う義務があります。そして銀行口座やクレジットカードなどの情報により、確実に決済を行うための手段も確保します。いわば、本人確認とお金の流れを、法的に正しい手続きで把握するということです。モバイルの通信事業者は、社会システムにおけるトラストアンカーの役割を担う能力を、4Gまでの環境でも備えていたわけです。

5G時代の通信事業者は、こうしたトラストアンカーとしての役割を4G時代から継承するのはもちろん、新たな役割も期待されます。それは「トラストマネジャー」としての役割です。

トラストマネジャーというのは筆者の造語で、まだ世の中に存在しない概念です。具体的な役割としては、あるユーザーとやりとりをしたい事業者（例：サービスを提供したい事業者、広告を配信したい事業者など）が、ユーザーとしての適格性、すなわちそのユーザーがサービスを受け取る主体として適正であることを、第三者として確認する機能の提供を想定しています。

広告配信を例に考えてみましょう。現在のインターネット広告の配信業者は、明示的な個人情報を直接は取り扱わないようにしながら、ターゲットとなるユーザー（広告を見る人）の属性や嗜好などをさまざまな要素から推測し、それを掛け合わせることで「ターゲットとしての確からしさ」を見いだしています。その結果、「個人情報を渡していないのにどうして自分のことを知っているのか」と思うような広告が配信されるわけです。しかしこれは人によって（もしくは状況によって）心地よい、気が利いていると も感じれば、気持ち悪い、お節介だと感じることもある、というような状況でもありま す。また、状況がもう少し悪化すると、本来は配信されるべきでない広告が配信される という事故も起きます。例えば女性なのに男性向けお色気広告が配信されるとか、未成 年なのに成年向け広告が配信されるとか、そういうことです。すでにこうした状況は社 会問題化しており、対策が求められています。

グーグルやフェイスブックといったプラットフォーム事業者は、ターゲットの確から しさを高めてきました。彼らが各種サービスを無料で提供しているのは、この確からし さを高めるために必要なユーザーの利用動向データを獲得するためでもあります。しか し昨今は、データプライバシー意識の高まりや、こうした大規模で複雑なデータを処理 するためのAIシステムが事業面でブラックボックス化していることへの警戒感が強まっ ています。そのため、例えばアップルはユーザーを追いかけるための手段であるクッキー を制限するアプローチを採り、プライバシーフレンドリーな姿勢を打ち出しています。 グーグルも、ターゲットの確からしさをいたずらに追い求めないこととビジネスを維持・ 拡大することの両立を模索して、2019年8月に「プライバシー・サンドボックス」と いう概念を発表するなど、少しずつ具体的な取り組みも明らかになってきています。

だとすると、提供される情報やサービスの正確性を維持するためには、グーグルやフェイスブックといったプラットフォーム事業者がこれまで担ってきた「ターゲットの確からしさ」を支える事業者が必要です。おそらくそこに、通信事業者の役割が期待されているのでしょう。

通信事業者の立場からすると、「面倒くさいことを押しつけられている」と感じるかもしれません。通信事業者をそこまで信用していなかった、というユーザーからの反発も、一定程度は予想されます。一方で、5G環境はスマートフォンという窓の中だけでなく、私たちの物理的な生活空間に広がり、そこで展開される物理的なサービスに広がっていきます。それゆえ、プライバシーという個人の信条にかかわる話だけでなく、決済の確実さやサービスを享受する際の適格性といった、より広範な社会課題と誰かが向き合わなければなりません。

サイバー空間と物理空間を紐付ける重要な役割は、誰しもがおいそれと担えるわけではありません。おそらく通信事業者には、それをビジネスとして成立させることも含めて、そうした役割を十全に果たすことが期待されているはずです。より大上段に構えれば、5G時代の通信事業者にとって、存在理由の一つとなるのではないでしょうか。

自社囲い込みのサービスからレベニューシェアへ

これまで通信事業者は、サービスやアプリといった、通信サービスの上で展開される付加価値サービスの提供を進めてきました。3G時代にはiモードやezwebがありましたし、4G時代にはアプリという形態で通信事業者独自のサービスを展開してきました。

こうしたサービスに共通するのは、囲い込み指向が強いということです。そもそも大きな目的が、自分たちの通信サービスを使ってもらう（そして他社のサービスは使わせない）というユーザーの囲い込みにあるので、それに沿った方策ではありますが、コンテンツやサービスのラインアップも囲い込むアプローチを採ることが少なくありませんでした。4G環境でのスマートフォンの普及で、そうした傾向は少しずつ減っているものの、現在もまだ残っています。

言うまでもなく、ユーザーはこうした囲い込みを自ら望んでいるわけではありません。コンテンツやサービスのラインアップが少なければ、別の手段を模索するようになります。端末も含めて完全に囲い込み、技術も事業も通信事業者によって設計・構築・運用できていた時代ならいざしらず、現在はその選択肢も豊富です。その結果、コンテンツやサービスに経営資源を集中させたプラットフォーム事業者の台頭を招いています。

通信事業者の提供するサービスやアプリは、有り体にいって「イマイチ」という時代が続いていました。5G時代には、こうした旧態依然とした囲い込みのアプローチはほぼなくなり、通信事業者もプラットフォーム事業者やコンテンツホルダーと組んだ上で新たな事業機会を模索することになります。前述した通り、すでにこうした協業の動きは、ゲームや動画配信で少しずつ見え始めているのです。

今後は、こうした「サービスやアプリ事業者とのレベニューシェア」が、囲い込みではなく開放的な形態で拡大していくでしょう。特に、前項で述べたトラストマネジャーという役割への期待を考えると、サービスをユーザーに届けるための責任主体としての通信事業者という役割は、今後一層ニーズが強まると考えられます。

ただしこれもまた、通信事業者にとっては不慣れなことです。コンサルタントとして仕事をしていると、事業者によって多少の濃淡はありますが、世の中からは先進的に見えていても、通信サービスで「月額いくらで稼いでナンボ」という価値観が通信事業者には染みついていると感じる瞬間があります。5Gがこの価値観まで変えられるのか。多くの事業者の方々と向かい合ってきたからこそ、正直筆者自身は半信半疑です。ただし、5Gが持つ技術的な可能性や、通信事業者を取り巻く社会的・産業的な環境の変化を考えると、否応なしに変わらざるを得ないとも思うのです。

実際、通信事業者がこうした役割を担ってくれなければ、世に出ることもマネタイズすることもできないサービスが山ほどあります。これらのサービスが埋もれたら、通信事業者は「イノベーションを止めている犯人」だと後ろ指を刺されかねません。

4Gまでのように、自社の契約者だけを見た経営をしていては、おそらくそんな批判を受けることになってしまうでしょう。そうではなく、他産業のデジタル・トランスフォーメーションを支援する役割を拡大させていくためには、加入者だけを見るのではなく、その先にあるコミュニティや社会、それらを支えるプレーヤーへのまなざしが必要不可欠です。

5Gによって通信事業者のビジネスは確実に変化します。その波を確実にとらえ、自らのビジネスモデルを変革できる通信事業者は、5Gによって花開くデジタル・トランスフォーメーションを支える社会的に重要なプレーヤーとなるでしょう。逆に言えば、変化できない通信事業者は、5G以降の社会変革から取り残され、生存さえ厳しくなるかもしれません。

5Gは通信事業者にとって、それほどまでの「劇薬」なのです。誤って飲むと副作用もあり得ますが、飲むことで社会的な存在理由を大きく変えることになるかもしれない。そして、飲むかどうかは遠からず決めなければいけない。そういうものなのではないかと、筆者は改めて考えています。

3章

分野別「5G×新事業」の有望株

この章で分かること

- 5Gの普及に合わせて台頭しそうな注目サービスの詳細

  黎明期＋ピーク期〜幻滅期

  ゲーム配信／動画配信／ライブ中継／テレビの再送信

  啓蒙活動期

  ゲーミフィケーション／家、街、工場、物流のスマート化

  安定期

  MaaS（モビリティのサービス化）
- 各サービスに関与するであろうプレーヤー予想
- 通信の新たな概念「ローカル5G」について

1～2章では、5Gの特徴を踏まえて関連する新規ビジネスが「いつ」から「どんなジャンル」で伸びていくかを紹介しました。この章では、より具体的に各ジャンルの注目株を紹介していきます。

ゲーム配信：ストリーミング＆サブスクで新境地に

●どんなサービスか

5Gの強みを有効活用したサービスとして、最も初期に登場するのがゲームです。ゲームは現時点で広く普及しており、ユーザー体験も一般化しています。ゲーム事業者もすでに5G時代を意識した開発を水面下で進めており、モバイル通信事業者も積極的に連携しています。その進化の流れを、2022年までの「幻滅期」と、2023年以降の「啓蒙活動期」に分けて考えてみます。

まず、「幻滅期」では、おそらく従来のスマートフォン向けソーシャルゲームの5G対応が進むでしょう。理由は簡単で、5Gインフラがまだ十分に整わないこと、また5G対応のスマートフォンが出そろわないことから、4G環境でのゲームとの互換性や相互乗り入れが求められるからです。

しかし、それなら5Gを使わなくても現状の4G環境で十分、ということになりかねません。特に初期のNSAでは5Gの特徴を最大限に活かせないため、少し回線が速くなる以外のメリットがないなら、多くのユーザーは通信料金と端末代金を優先させるでしょう。

一方、グーグルとアップルは、幻滅期の課題を逆手に取って、事業機会を狙っています。2章で触れた通り、グーグルがStadia、アップルがApple Arcadeというゲームストリーミングプラットフォームを開発し、いずれも2019年秋のサービス開始を発表しています。

2019年9月に始まったApple Arcadeは、テレビ、パソコン、タブレット、スマートフォンのいずれでもプレイ可能で、広告やアプリ内課金はなし、月額課金(サブスクリプション)によるサービス提供となっています。100を超える新作タイトルを公開していくと公言しており、開発パートナーも有名企業が多く非常に力が入っています。

対抗するグーグルのStadiaも2019年11月から14カ国で開始される予定で(残念ながら開始するタイミングで日本は含まれていません)、端末をまたいでプレイでき、月額課金のサービス上位プランでは4Kや5・1チャンネルサラウンドなど高精細・高品位のゲームが提供されるようです。2019年9月にオランダで開催された国際放送展のIBC(International Broadcasting Convention)2019では、Android TVとの統合に向けたロードマップも発表しています。

どちらも最終的なターゲットとしているのはコンソールゲーム、つまりソニーのPlayStation

や任天堂のNintendo Switchなどが提供する専用機を前提としたゲームです。アップルは広告を入れず、グーグルは広告が入る無料プランがあるという違いこそあれ、いずれも月額課金を念頭に置いています。おそらくユーザー体験としては、アマゾン・プライムやネットフリックスのようなSVOD（サブスクリプション・ビデオ・オンデマンド／定額制動画配信）サービスのコンソールゲーム版、といったものになりそうです。

注目すべきは、いずれもストリーミングサービスながら高精細・高品位なゲームになりそうだ、ということです。専用機のゲームがすでに高い水準にある以上、対抗するには少なくとも同程度に達する必要があります。それをストリーミング配信という形態で提供するには、通信環境にも高い性能が要求されます。

Apple ArcadeもStadiaも、4Gや光ファイバーで問題なくプレイできるでしょう。しかし有料プランでより高品質の環境を提供するという差別化をアピールポイントにするには、5G環境のほうが合理的です。両者が2019年というタイミングでゲームプラットフォームを発表したのは、当然2020年以降の5Gの普及を意識していたはずです。

「啓蒙活動期」を迎える2023年以降は、家庭で遊ぶコンソールゲームにも新たな商機が訪れます。一方、5Gの現実的な普及度合いを考えると、2022年ごろまでは家庭向けよりモバイル向けの利用が進むはずです。そして両者に橋を架けて、移行期の混乱をむしろ事業機会に変えようとしているのがグーグルやアップルということです。

図3-1:「サブスク」ゲームストリーミングのApple Arcade

Apple Arcadeのメディアキットの画像

彼らは4Gや5G、あるいはテレビやスマホという区分と関係なく、クロスプラットフォームな世界観を目指しています。そんな彼らが考える5Gならではのユーザー体験は、おそらく「家の中と外の両方で遊べる」といったものになるはずです。そのため、コンソールゲームとソーシャルゲームのいずれかではなく、両方を横断できるようなゲームタイトルや、それを実現できるような開発体制を有していることが5G時代のゲーム開発では必要となります。

●普及の要因

5Gの普及初期のタイミングでゲームが改めて注目される要因として、ゲーム業界側の新たな成長モデルの模索があります。

ゲームにはこれまで、コンソールゲームと

スマートフォンゲームという大きく二つの潮流がありました。コンソールゲームは開発に相当なコストがかかることからリスクが高く、流通形態もパッケージ販売が主流となるため、追加で課金する機会が制限されるという側面がありました。これを打破したのがスマートフォンアプリとしてのゲームですが、こちらも熾烈な競争環境ゆえ開発コストが上昇傾向にあり、ユーザーの射幸心を煽るようなビジネスモデルに依存しがちです。結果として各タイトルの賞味期限は短くなり、課金ガチャ規制なども相まって産業として成長の踊り場を迎えていました。

そうした中、2019年からストリーミング配信という新たなプラットフォームが始まるのは、偶然の産物ではありません。そこに「広大な事業機会がある」とプラットフォーム事業者が判断したという、戦略的思考によるものでしょう。しかも、サブスクリプションと通信サービスの相性は良く、プラットフォーム事業者と通信事業者がユーザー体験をベースとしたサービス品質の制御（QoE）やレベニューシェアなどで協業できます。実際に、特定のゲームタイトル、あるいはゲームの中での利用シーンを切り売りして、ある場面は高精細に提供したり、キャラクターの能力が一時的に高まるなどの付加価値ビジネスも、通信機器ベンダーからソリューションとして提供されており、モバイル通信事業者は導入に向けた検討を進めています。

ゲームに対するユーザー側の受容度は、一般に想像されるよりも高いです。日本ではいわゆる新人類世代（2020年時点で50～60歳となる世代）が「スペースインベーダー」などのビデオゲーム第一世代にあたりますし、その下の団塊ジュニア（同じく40～50歳）はファミコンやPlayStationにどっぷり浸かった世代です。さらにスマートフォンによって、ゲームを楽しむ習慣は老若男女に広まっています。分布に多少のばらつきはあれど、こうした傾向は先進国では概ね共通しているはずです。今後は中高年の余暇としてのゲーム需要も拡大していくでしょうし、ゲーム人口の自然増が期待できるのです。

ユーザー体験が広く一般化し、事業者側の都合とユーザー側の動態が一致する。しかも5Gサービスを構築・運用する通信事業者のニーズにも合致する。このように考えれば、ゲームが5G普及当初の大きなドライバーとなる可能性は高いと言えます。

どのような企業が向いているか

ゲームは知的財産権が重要視される業界です。そして今日では、ゲーム業界全体の成熟により、過去から続く人気タイトルへの依存が強まっています。それゆえ少なくとも5G普及の初期段階においては、既存の人気タイトルを保有しているゲーム会社が強みを有するのは間違いありません。

では、コンソールゲームに強い開発会社とスマートフォン向けのソーシャルゲームに強い会社では、どちらが有利になるのでしょう。5Gの普及動向を考えれば、おそらく「どちらか一方では足りない」ということになります。すなわち、タイトル保有者とプラットフォームのいずれにおいても、コンソールゲームとソーシャルゲームの両方に精通した事業者が強みを増しそうです。

より具体的に言うと、現時点で著名なゲームタイトルを持っており、なおかつそれらをコンソールゲームとソーシャルゲームの両方で利用可能な状況にできる開発力を持った企業が、5Gの普及当初に力を発揮するでしょう。

●準備するタイミング

5G時代を見据えた新しいゲーム開発競争は、すでに始まっています。実際に、幻滅期をくぐり抜ける有力なサービスとしてゲームに期待を寄せる通信事業者は、開発会社との協業を前のめりに進めています。従って、参入時期は「すでに始まっている」のです。

ただし前述の通り、5G時代のゲームは、インフラの普及に応じて細分化しながら広がっていく展開が見込まれます。そしてこのインフラは、2章で触れた通り啓蒙活動期が始まる2023年ごろから本格的に広がっていくことが見込まれます。そのため、現時点で未対応のゲーム開発会社は、いたずらに早期参入するのではなく、まず自社が有するタイトルや開発能力と、5G普及のシナリオを整合させる必要があります。その上で、2023年前後の変化のタイミングを見定めながら、参入時期を探ることが必要です。おそらく、2021年後半〜2022年前半には状況が見えてくるでしょう。

●協業を検討すべきプレーヤー

5G時代のゲーム産業では、これまでとは異なるプラットフォームの台頭に伴う新たなマネタイズ手段が模索されます。その中心となるプレーヤーとして、先に挙げたグーグルやアップル、またはマネタイズを担う存在としての通信事業者が注目されます。

そして当然、ソニーや任天堂といったコンソールゲームに強い事業者と、人気タイトルを持つソーシャルゲーム事業者がどのように動くのかも見定める必要があるでしょう。特に幻滅期を終えるまでの2022年ごろまでは、極めて活発な動向が予想されます。場合によっては、既存のゲーム会社が5G時代の新たなプラットフォーム事業者によって買収される、という可能性さえ考えられます。

また、ゲーム体験を拡張するための技術として、VRやARが注目されます。特にコンソールゲームとの融合という意味ではVRが有力です。関連技術を有する開発会社との協業も進んでいくかもしれません。

VRの技術開発はすでに主要事業者間で進んでおり、それらの技術をどの利用シーンに展開するかという具体的な検討に移っている状況です。しかも、VRはゲームだけでなくビデオ会議などのコミュニケーションを向上させる技術でもあります。これをゲームの進化にあてはめるなら、ゲームプレーヤー同士のコミュニケーション、またはゲームを観戦する人同士のコミュニケーションを促進するノウハウを持つ事業者として、ゲーム実況の事業者やeスポーツ関連の事業者とのコラボレーションも期待されます。

動画配信：「高精細」と「バラ売り」が新たな商機に

●どんなサービスか

5Gの普及初期、特に幻滅期のキラーアプリとして、ゲームと同様に注目されているのが動画配信サービスです。動画配信もすでに広く普及しており、ユーザー体験として一般化しています。それに5Gの技術的特徴である超高速、多数同時接続、ネットワーク・スライシングなどをアピールしやすいことから、5Gを使ったサービスの市場をけん引する最初のドライバーになると期待されています。

すでに取り組みは始まっています。画質の向上を意識したモバイル料金プランも出始めました。2019年8月にKDDIが発表した新料金プランのうち、ネットフリックスを追加できる「auデータMAXプラン Netflixパック」では、ベーシック（追加料金なし）でSD＝標準解像度の映像を楽しむことができます。月額400円を追加するとHD＝高精細度の映像を視聴できるようになり、月額1000円追加だと4Kが選べます。発表時に同社が言及しているように、これが5Gサービスを意識した料金プランであることは明らかです。

おそらく今後、ほかの通信事業者も動画配信サービスとの連携を強化しつつ、2020年の5G商用化を迎えるはずです。動画配信サービスそのものの普及を5Gの推進力にすることを狙うでしょう。その意味で、動画配信の市場は2019年ごろから本格的に拡大し始め、2022年ごろまではその勢いが続くものと思われます。

5Gによる動画配信サービスの特徴としてまず考えられるのは、画質（画像のクオリティ）向上です。現在、4Gを前提とした動画配信サービスの多くは、通常ならSD（画素数480p）、場合によってHD（地上波テレビ放送やブルーレイと概ね同じで画素数が1080p）程度が標準になっています。これが5Gによって、おそらく最高で4K（画素数2160p）の高精細動画配信が可能になります。まさにKDDIの料金プランにあるアップグレードの流れです。

しかしこれだけでは、ゲーム配信と同様、4Gとの差別化が十分にアピールできません。5Gの動画配信サービスには、これまでとは違ったユーザー体験の提供が求められます。例えば「映画のプレミア配信」が考えられます。劇場公開を見逃してしまったり、あるいは自宅の環境で改めて8K映像でじっくり観賞したい。DVD発売までには時間がかかったり、DVDを買うまでではない。ちょうど週末の夜、いつもの月額課金に多少追加してでも、観れるものなら観たいものだが……といったニーズを満たす形態です。

　こうしたユーザー体験は、ありそうでないというのが現状です。その理由は、動画配信事業者が作品を囲い込んでいること、そして「ある作品を、ちょっと良い環境で、今だけ、今すぐに見たい」というような作品の配信・マネタイズ手法がいまだに開発されていないためです。特に劇場映画の場合、通常であれば映画館での封切（一次流通）から少なくとも半年程度待たなければ、ＤＶＤやインターネット配信（二次流通）に進みません。これは、映画館の集客力を高めたいという狙いはもちろん、二次流通時の新たなマネタイズ手法が十分には開発されておらず、結果として既存のスキームに依存しがちなこと、そして二次、三次と流通が進むにつれてコピーのリスクが高まっていくからです。

　逆に言えば、もっと新たなマネタイズ手法と権利者が信頼できる流通システムがあって、映画館に準ずるような高精細配信の環境があれば、二次流通はもっと高付加価値化できるはずです。そしてそれらの要件を、５Ｇ環境は満たすことができます。

　技術的な性能は前述の通りですが、それ以外にも通信事業者による提供が前提となる５Ｇは、柔軟かつ簡便に対応できる決済手段を保有しています。同様に、通信事業者が責任を持って運用するネットワークゆえに、外部流出のリスクも対策が講じられています。こうした機能で、「少し値段は高いけれど劇場上映が終わって比較的すぐに視聴できる」可能性が高まるわけです。

●普及の要因

動画配信サービスが普及する最も大きな要因は、すでにユーザーがさまざまな動画配信サービスになじんでいる、ということです。当たり前のようですが、特に5Gの普及初期、多くのユーザーにとって5Gは未知の存在です。そのため、利用スタイルとして一般化したサービスの安心感を「借りる」ことが重要になります。これはゲーム配信も同様ですが、ゲームよりも動画のほうがポピュラーと言えます。

動画配信サービスは、以前からユーチューブなどの動画投稿サービスがありますが、ここ数年は前述したSVODの普及が大きく進んでいます。定額制の有料動画配信サービスのことで、アマゾン・プライム、ネットフリックス、フールーなどが代表的なプラットフォームとして挙げられます。通信事業者もそれぞれSVOD事業に取り組んでいます。

SVODにおける利用形態の特徴として、ユーザーが契約と解約を繰り返す、というものがあります。SVOD各社は動画のラインアップ拡充に熱心ですが、どんなに豊富なラインアップをそろえていたとしても、人間の趣味には幅があり、可処分時間には限界があります。それなら、ある程度見終わったらあっさり解約し、新しい事業者へ移行すればいいし、それを繰り返したほうがユーザーにとっては合理的です。実際、ネットフリックスに数カ月入った後にフールーへ引っ越しし、それが終わったらまたネットフリックスに戻ったり別のサービスと契約する、というユーザーは増えています。SVOD事業者に話を聞いても、すでにそうした状況を想定した事業形態に移行しつつあるそうです。

こうしたユーザーの行動の先には、「作品ごとの購入」があり得ます。あるドラマシリーズを単体で買えるのだとしたら、単体売り、バラ売りに着目した付加価値提供も十分に考えられます。

例えば、前述したプレミア配信はその一つでしょう。週末の夜にゆったりと映画を観るというニーズは、供給側の事業開発が途上であることで十分には満たされていません。5Gがその事業開発を助けることで、ユーザーニーズの喚起は可能です。また、通常の動画配信サービスとの契約はHDでも、特定の作品だけ追加料金を支払って4Kや8Kで視聴する、というような形態もあるでしょう。こうした個別ニーズは個別のパッケージで満たしたいところです。

一方、インフラ側の事情で5Gが期待されているという面もあります。4K以上の高精細動画配信は、モバイルだけでなく固定ブロードバンド（光ファイバー）も、通信インフラが必ずしも追いついていない現状があります。マンションなどの集合住宅の場合、通信事業者の局舎からマンションまでは光ファイバーが敷設されているものの、マンション内での各戸への通信回線は従来の電話用の銅線を用いており、4Kを楽しめるインフラになっていないことがしばしばあります。そしてそれはマンションオーナー側で費用負担や工事対応をしなければならないので、なかなか改善されません。

むしろ5Gで外部から各戸に通信環境を提供するか、建物内で5Gが利用できるように通信事業者各社が超小型基地局などの共用設備を設置するほうが実現しやすいでしょう。すなわち、5Gの普及そのものが、高精細動画配信サービスのボトルネックを解消し得るということです。

●どのような企業が向いているか

動画配信も知的財産権が重要視される業界です。ただしゲームとは異なり、映画館やDVDといったインターネットとは異なるメディアでタイトル（作品）を共通利用することが前提となっています。また、過去の作品を含めて、タイトル数は膨大です。そのため動画配信も、多くのタイトルが集約されるプラットフォームが強者となります。プラットフォーム事業者やタイトルを保有する権利者が優位なのは間違いありません。

前述の通り個別の作品を楽しんだら解約してしまうようなユーザー行動が一般化してきたため、従来の「囲い込み戦略」だけでは成長できないという状況も見え始めています。これを「囲い込みの失敗」と評価するのではなく、むしろ新たな付加価値を提供する機会として位置付けられるような企業が、5G時代に勝機を得るのではないでしょうか。例えば劇場公開終了直後のタイトルを、5G環境下で8K配信する際に、それを紹介して送客するアフィリエイトのようなサービスにはニーズがありそうです。

この場合のアフィリエイトは、「送客一人あたり0・1円」というようなビジネスモデルだけでなく、8K配信によって得られた売上の増加分（アップセル）をレベニューシェアするという方法も考えられます。5Gはそうした「適正な勘定」も容易にするインフラとして、有効に機能するはずです。

●準備するタイミング

動画配信サービスはゲームに並び、幻滅期をくぐり抜ける有力なサービスとして期待を寄せられています。それゆえ前述したKDDIの新料金プランのように、通信事業者も前のめりになって取り組みを進めています。従って、参入時期はゲーム配信と同様に「すでに始まっている」のです。

ただし、これもゲームと同様、幻滅期まではマルチプラットフォーム対応をしつつ、啓蒙活動期以降は8Kなどの付加価値サービスを含めた細分化を始めるといった形で、5Gインフラの普及に応じた展開が見込まれます。そのため、2023年前後の変化のタイミングを見定めながら参入時期を探ることが必要で、これは2021年後半～2022年前半には状況が見えてくるでしょう。

動画配信サービスならではの事情として、普及の前倒しに向けたポジティブなプレッシャーが外部環境から生じる可能性があります。それが、ディスプレイの8K対応です。電波を使ったテレビでの8K放送は、少なくとも地上波では相当先（または訪れない）可能性がありますが、IP（インターネット・プロトコル）による8K配信はすでに着々と準備が進んでいます。実際、前述したIBC 2019では、筆者の予想を上回るスピードと規模でIPによる8K配信の普及を予感させる取り組みが会場のあちこちで見られました。

8K配信の全体トレンドは2020年ごろまで様子を見る必要がありますが、仮にこの時期に本格化が見通せるのであれば、幻滅期の最中にも5Gによる8K配信がサービスとして普及する可能性があります。

●協業を検討すべきプレーヤー

動画配信は、ゲーム以上にプラットフォーム事業者の存在感が強い業界です。そのため、アマゾン・プライム、ネットフリックス、フールーといった有料配信事業者や、ユーチューブなどの動画投稿サイト、さらに民放テレビ局が取り組むSVODサービスなどが主要なプレーヤーであり、組むべきパートナーとなります。

ユーザー体験としては、画面出力を担うテレビ受像機メーカーはもちろん、没入感を高めた視聴環境を作るVR事業者も、事業開発を進める上で念頭に置くべきプレーヤーです。それと同様に、高精細・高品質による臨場感を高めるためには、音声出力も非常に重要で、音響機器メーカーや音響ソリューションを有するプレーヤーにも注目が集まります。

新たなアフィリエイトを実現するという観点では、Webメディアや情報サイトのアプリ、インフルエンサーマーケティングのアプローチを有する事業者にも潜在能力があります。こうした事業者との協業は、新たな周辺事業の開発でも注目されます。

ライブ中継：ファン心理に応えるインタラクティブ・ライブが台頭

●どんなサービスか

5G時代のライブ中継では、インターネットの普及によって実現しつつある双方向（インタラクティブ）の配信をもとに、対象となるアーティストやスポーツ選手とより強いエンゲージメントを構築できるサービスが実現します。

これまでもライブ中継は、テレビ時代から続く動画コンテンツの主役でした。ただ、テレビのスポーツ中継は特定の誰か（一般的には番組のディレクター）の判断でカメラが切り替えられ、テレビ番組として完成されたものを見るという「単方向」の楽しみ方です。それに対してインターネットによるライブ中継は、ユーザーが関与できる領域を広げました。

野球であれば、テレビでの標準的な構図は打者と投手の対峙であり、投手の背後からの目線で打者の様子を見るのが一般的でした。しかし、投手が苦しそうにピッチングしている試合の山場では、むしろ捕手の目線で投手の表情を見たいかもしれません。あるいは、そんな駆け引きを感じ取りながら、外野で守備の位置を微妙に変えている選手の動きも、玄人の視点として面白いものです。こういったユーザーニーズに応えるべく、現在は野球に限らずスポーツ全般やコンサートなどの会場にカメラを大量に持ち込み、常に撮影できる状態になっています。私たちはそのたくさんのカメラの中からたった一つの映像を見ているわけですが、そんなディレクターの意向とは別に、それぞれのカメラが捉えている画像も、場合によっては見てみたいはずです。

こうした視点を変更できる動画配信や、通常であれば見られない自由な視点からの映像提供として、2018年に開催された平昌オリンピック冬季競技大会ではインテルがVRを使ったスキー場やスケートリンクからの中継を実験しました。ほかにも、韓国では2019年の5G商用サービス開始時に、通信事業者が野球の多視点映像による配信を始めています。日本でも、5Gが普及すればユーザーによる自由な視点の選択による臨場感のあるライブ中継が標準的なスタイルの一つになるのでしょう。

しかし筆者は、もう少し踏み込んだ双方向のユーザー体験が実現できるのではないかと考えています。例えば、ひいきの選手が外野に飛んだ難しい球をダイビングキャッチする。あるいは、たまたま見たプロゴルファーが試合でホールインワンを達成する。こういう瞬間に「ナイスプレイ!」とメッセージを送ることもできるはずですし、少額でも「ご祝儀」を渡せ

図3-2:インテルが平昌オリンピック冬季競技大会で提供したVR放送

インテルのメディアキットの画像

たら、スポーツ観戦の体験はもちろんスポーツビジネスもこれまでと違うものになるのではないでしょうか。

アーティストによるコンサートのライブ中継も同様です。自分が好きなアーティストのライブを高品質で見ることができて、自分の満足度がとても高かった時に、そのアーティストに（通常の動画配信での権利料の再分配だけでなく）報酬を直接渡す。その延長線上で、人数限定のインターネットライブでMC（演奏の合間のトーク）の時間帯にVR技術を用いて自然かつ安全な形で直接会話する。そんなインタラクティブ・ライブが、5Gによって出現するかもしれません。

●普及の要因

インタラクティブ・ライブに限らず、ライブ中継全般のニーズは拡大しています。その背景として、一つはスポーツ選手やアーティストのマネタイズ手段としてライブの重要性が増していることが挙げられます。

音楽コンテンツの場合、すでによく知られている通り、CDのようなパッケージメディア中心の時代は過ぎ去り、現在は音楽配信サービスから得られる収益が柱となっています。しかしながら、有料の配信サービスよりも、ユーチューブのような広告モデルに基づく無料配信サービスのほうが利用者が多く、かつてのパッケージメディアに比べて収益を得る機会や平均的な収益規模は小さくなっています。こうした収益構造の変化を受け止めながら、アーティストと観客の両方の満足度を高める方法として、大規模フェスを含めたコンサートやライブイベントの重要性が高まり続けています。アーティストとしても、ファンと直接向かい合えるため、ユーザーとのエンゲージメントを構築しやすいという利点があります。

しかしライブイベントの実施は、現場となる会場施設が最大のボトルネックになります。より多くの観客に来てもらうためには、利便性の高い立地や高い収容能力が必要ですが、そうした場所は費用も高く、イベント主催者による奪い合いが激しくなります。特に近年のライブイベントは、都市部を中心に慢性的な会場不足が生じています。インターネットでのライブ中継は、こうした会場の不足を補うという比較的単純な動機からも改めて注目されています。

会場をバーチャルに拡張するような新たな体験を提供することで、現場でのライブイベントとは異なるユーザー体験の提供も期待されています。会場まで足を運ばなくてもライブを楽しめますし、むしろプロが撮影した何台ものカメラによるさまざまな視点を楽しむというような、会場では体験できない価値を享受できるということです。そのため、現場でのライブイベントを補う二次収入だけでなく、新たな付加価値を生む事業機会としての期待も、大きく存在しています。

スポーツでも、ライブを中継で楽しむニーズは、競技種目の多様化や観戦方法の高度化に伴い、潜在的に拡大傾向にあると考えられるでしょう。特にプロスポーツは近年競技自体が高度化しており、解説を伴った観戦のほうが分かりやすい（というより解説がなければ分からない）、というようなことが増えています。それこそ、競技会場での観戦でさえも、音声解説による補助や、場合によっては解説付きの映像を会場で見ていたほうが楽しめるということさえあるはずです。

こうしたライブ中継に対する双方向性のニーズは、今後高度化しながら拡大していくと考えられます。現在実現できる単純なものではカメラ（視点）の切り替えですが、今後はアーティストや選手とのやりとり（会話だけでなく報酬の提供など）といった、より高度で複雑なインタラクションへの期待も顕在化する可能性があります。

こうしたインタラクションには、信頼できるネットワークが必要です。まずライブ映像を高品質で配信するためには、超高速かつ低遅延という5Gの性能が期待されます。そして双方向性を高めた付加機能を提供するには、決済システムや本人確認など、5Gを提供する通信事業者が得意とするプラットフォーム機能も必要です。知的財産権が保護されるための仕組みも期待されるところでしょう。それらが一体となって、ライブ中継の高度化が初めて進むのです。

●どのような企業が向いているか

スポーツにせよコンサートにせよ、イベントそのものを実施する興行主や、アーティストやスポーツ選手が所属するマネジメント会社は、企画・運営を担うだけではなく、ステークホルダー間の利益分配や権利保全を司る存在です。ライブ配信は「はじめにライブありき」であって、あくまで配信は二次利用であると考えれば、興行主やマネジメント会社がこうした事業に取り組むことがまず必要です。

双方向サービスそのものは以前から存在していましたが、成否を分ける条件は双方向でやりとりをする必然性や納得感の提供です。そのため、映像・音声技術はもちろん、適切なタイミングでコミュニケーションを促進するような進行など、インタラクティブ配信向けの演出技術が重要になります。そうした知見は、アイドル・タレントのインタラクティブ配信サイトの運営などで蓄積され始めていますが、こうした機能や役割が今後さらに重要になるでしょう。

●準備するタイミング

ライブ中継もまた、5Gが幻滅期をくぐり抜けるための有力なサービスです。商用サービスの開始で先行する韓国では、5Gの普及初期に期待されるサービスとして位置付けられており、NSA時代に5Gの魅力を伝えるアプローチの一つであることは間違いありません。従って参入時期は、動画配信やゲーム配信と同様に「すでに始まっている」となります。

ただし、幻滅期までは5Gインフラが十分に普及せず、利用は限定的になる可能性があります。ユーザーの納得感を醸成するには、ある程度経験を重ねることも必要です。可能であれば、まだ4Gが主流である時期から近似したサービスを提供し、徐々に移行を促すというアプローチが期待されます。

●協業を検討すべきプレーヤー

ライブ配信の高度化で常に課題となるのは、ライブ会場の設備です。当然ながら、会場となるスタジアムやコンサートホールは、伝統的な単方向の中継しか想定されておらず、高度なライブ配信には常に苦労が伴うのが現状です。

そのため、ライブ会場側の協力を求めることはもちろん、こうした会場にも仮設で持ち込めるような機材の開発、そうした機材の設置・運営などを担える事業者との協業が不可欠となるでしょう。

日本では、アーティストやスポーツ選手に直接現金を渡すのは、子どもの教育などへの懸念などを含めて、抵抗感があると考える向きも一定程度存在するはずです。また、当事者の賭博行為を誘発しない適正な賞金の在り方などについては、すでにeスポーツ関連でも議論され始めています。こうした場合、間接的な投げ銭の手段として広告を介在させるというのも、古くて新しい方法です。そうした、特にセールス・プロモーションと呼ばれるようなアプローチも有効でしょう。

テレビの再送信：本格的な「IP同時再送信」が始まる

●どんなサービスか

5Gによる動画配信の進化で考えられるもう一つの形態は「テレビの再送信」です。それも、4K／8K放送といった高付加価値サービスだけでなく、もっと単純な現在の地上波テレビ放送の再送信です。

現在、地上波テレビ放送は放送事業に割り当てられた周波数帯を用いて、電波による伝送が行われています（一部CATVによる再送信もあります）。送信機と受信機（家庭のテレビ受像機）のいずれも、テレビ放送というサービスに最適化されたシステムです。

ただ、今日はモバイルネットワークやインターネットでも動画配信が盛んに行われています。少なくとも動画を配信するという技術的機能は、テレビに最適化されたシステムでなくても実現可能です。実際、災害発生時などに動画配信サイトでテレビのニュース番組を視聴した経験がある方も少なからずいるでしょう。

こうした考え方に基づいて取り組みが進んでいるのが、テレビの「IP同時再送信」です。近年、NHKの在り方問題と合わせて議論が続けられてきた結果、2019年から徐々に同時配信がスタートしています。当初はNHKが先行しますが、今後は民放も追随する見込みで、2020年以降はテレビをインターネットで見るという体験が少しずつ一般的になっていくでしょう。

テレビのIP同時再送信は、もともと5Gとは無関係な取り組みでした。しかし現在、徐々に5Gを意識したものになりつつあります。これまで光ファイバーによるブロードバンド回線の普及が進まなかった地域への展開や、老朽化したCATVの代替手段として、5Gへの期待が高まっているためです。

将来的に4K／8Kといった超高精細放送を実現させるには、現在テレビに割り当てられている帯域では容量が不足するため、そもそも電波では送信できないのではないか？ とも考えられています。5Gの超高速や多数同時接続といった技術的特徴は、この問題を解決する方法の一つとしても考えられています。

●普及の要因

電波を用いたテレビ伝送システム（送信機や鉄塔）は、テレビ以外に使い道がほとんどない専用設備です。従って、その設置や運用にかかるコストは、すべてテレビ産業で賄う必要があります。高度経済成長期で、テレビが情報メディアの中で絶対的な地位を占めている時代であれば、あまり難しいことを考える必要はありませんでした。しかし、人口減少時代が到来し、テレビ以外にもさまざまな情報メディアが存在する現在、テレビ産業がこれまでのような成長を謳歌することはできません。それこそ、ローカル局の財政問題は、すでに総務省の委員会でも議論されているところです。

テレビの価値の源泉は、放映される番組にあることは間違いありません。だとすれば専用設備に固執するのではなく、モバイルネットワークやインターネットの汎用設備を用いて、アプリケーションの一つとしてテレビを放送するほうが、設備投資や運用コストの負担において合理性が高いと言えます。このような、テレビ産業を維持するために背に腹は変えられないという判断を迫られることが、普及の要因として大きく影響するはずです。

ただし、テレビ局各局がバラバラにIP同時再送信を進めると、これまでの「リモコンとチャンネル」に集約されていたテレビのユーザー体験と、大きなギャップが生じます。IP同時再送信ではなくテレビ局が制作したコンテンツの無料動画配信サービスとして、現在はTVerが存在感を増していますが、こうした相乗り型のプラットフォームが大きく発展することがユーザーから受容される条件となるのは間違いないでしょう。

それに、5Gの普及が進めばテレビ放送の伝送が電波から5Gに日本全国で完全に切り替わる、というわけではありません。ユーザーの多い都市圏では、依然として電波を使った伝送は経済的な効率性が高いことは間違いありません。むしろ5GによるテレビのIP同時再送信は、地方のローカル局が直面する設備投資問題への現実解になると思われます。

●どのような企業が向いているか

テレビの再送信なので、当然ながら既存のテレビ局が担当することになります。ただし、前述のような相乗り型のプラットフォーム形成が期待されることから、それを構成する関連事業者も、当事者の一翼を担うことになります。仮にそれがTVerだとしたら、在京・在阪の大手民放キー局はもちろん、電通や博報堂といった広告代理店もステークホルダーになるでしょう。将来的にはNHKが本格的に合流する可能性もあります。

●準備するタイミング

テレビの再送信は、すでに既存のインターネット環境を対象として2019年から開始されています。従って参入時期は、「すでに始まっている」となります。ただし、5Gとは別の取り組みとして当事者の協議が進んでおり、当面はスモールスタートとなるでしょう。

5Gが直接関係する形でのテレビの再送信で注目されるタイミングは、2023年です。5Gの啓蒙活動期が始まるタイミングであり、SAによる本格的な5G環境の普及も始まります。それと同時に、放送局の再免許の年にもあたります(有効期間は5年)。2028年ごろまでを現状の放送産業の体制で迎えるのか、本格的な5G環境の普及を見越して新たな事業者の参入も視野に入れて検討を進めるのかが、大きな分かれ目となります。

●協業を検討すべきプレーヤー

新たな事業機会の可能性があるのはローカル局です。IPサイマルラジオサービスのラジコ(radiko)がそうであるように、スマートフォンで日本中のローカル局の放送がどこでも視聴できるようになる可能性があります。仮にローカル放送の全国展開が進むと、番組に挿入される広告は「アドレッサブル広告」という手法が普及するのではないかと思われます。

アドレッサブル広告とは、ユーザーの行動に最適化するインターネット広告の手法を、動画配信やテレビに持ち込もうとするものです。この手法でないと、例えば山陰地方のテレビ局が制作した番組を北海道で視聴する際、番組に付帯する山陰地方向けのテレビCMを見ることになりかねません。それはそれで情緒がありそうですが、商売という意味では北海道向けのCMが放映されるべきでしょう。アドレッサブル広告によって、ユーザーの地域性や個別の関心に基づく広告配信を実現でき、こうした課題を解消できるかもしれません。

アドレッサブル広告は、水面下でさまざまな検討が進められています。ただし、テレビ広告と同じようにズレや狂いのない配信を実現できるのか、本当にユーザーのニーズに合った広告が配信できるのかなど、現時点ではまだ解決するべき課題が山積しています。そのため、事業機会の開発には、広告代理店をはじめ、配信技術を有する事業者、ユーザーの属性や行動を分析するDMP（データマネジメントプラットフォーム）をはじめとしたインターネット広告事業者との協業、動画配信技術を有する事業者との技術・製品開発が欠かせません。

ゲーミフィケーション：各種データを駆使して買い物がエンタメ化

●どんなサービスか

5Gが幻滅期から啓蒙活動期に移行すると、屋内と屋外を結びつけるサービスの普及が進むことになります。幻滅期の5Gは、ゲームや動画配信といった屋内を意識したユースケースに支えられましたが、啓蒙活動期はそこから生まれたユーザー体験を屋外に持ち出すことで、屋外での需要が喚起されると考えられるからです。その際、ユーザーの行動変容を促す手段の一つに、ゲーミフィケーション（ゲーム化）があります。ゲームの楽しさを使って日常生活に変化をもたらそうという、サービス提供の形態の一つです。

ゲームというユーザー体験の一般化は、すでにさまざまな生活シーンで応用され始めています。例えば生命保険会社の第一生命保険は、加入者の健康改善を促すために歩いた分だけポイントを付与して景品と交換する「健康第一」というアプリを提供しています。これは単にユーザーのために取り組んでいるだけでなく、加入者に健康意識を高めてもらうことで、不要な保険料支払いの抑制につながり、結果として生命保険という商品を取り扱う事業の収益性を高めることにつながるからです。

つまり日常生活のちょっとした機能をゲーム化・エンタメ化する取り組みで、スマートフォンの普及に合わせて以前から注目されていましたが、ゲームになじんだ世代の人口が増え続けていくことから今後さらに拡大することが予想されます。

日常生活の買い物も、ゲーム化が期待されるシーンの一つです。大規模スーパー、小規模スーパー、コンビニ、そして宅配や通販と、私たちが買い物をするチャネルは多様化を続けています。都市部だとこの全部が比較的容易にそろうわけですが、地方部であったとしても、この中で二つや三つ程度の選択肢があるところは少なくありません。しかし私たちが日常で最も必要としているのは、牛乳や卵や生鮮食品です。そしてそれらを購入するには、それほどたくさんのチャネルを必要としないはずです。にもかかわらず、多くの流通事業者が競い合い、在庫を抱え合った結果として、売れ残りやフードロス、逆に極端な欠品が発生するというのが近年の社会課題になっています。

また、重い荷物を持ち歩きたくないので多少値段が高くても近所のコンビニや通販で買いたいということもあるでしょうし、反対にちょっと隣町まで気分転換に買い物に出かけたい、ということもあり得るでしょう。買い物という行動は、商品そのもののニーズだけで決まるのではなく、他のさまざまな要件にも左右されるのです。そうしたニーズの多様さが、事業者の予測を困難にし、事業のみならず社会全体の効率性を低下させています。

そこで、ユーザーに「気付き」を与えて、事業者や社会全体の負荷を低減させるような消費行動を促すということが期待されます。その一つのアプローチが「買い物のゲーム化」です。例えば自分が好きな銘柄の牛乳が、駅前のスーパーでは在庫が豊富だが、家の近所のコンビニでは品切れ間近だったとします。これが事前に分かっていて、ユーザーが納得さえしてくれれば、「駅前のスーパーで買ってくれればポイント3倍」というようなことを促せます。ほかにも、駐車場や自転車置き場が満杯だった時に、「歩いて来てくれた人や、誰かの自動車で一緒に来てくれた人にはコーヒーを一杯サービス」というサービスができるでしょう。

これだけであれば、「5Gは不要では?」と思われるかもしれません。しかし、こうしたサービスを実現するには、店舗の在庫や混雑状況など、稼働の状況がリアルタイムにセンシングされていることと、ユーザーの意向や動態が正確に把握されていることが求められます。前者にはIoTデバイスやカメラが大量に必要ですし、後者には(当然ユーザー自身の同意に基づきますが)ユーザー側のニーズを常にキャッチアップする仕組みが必要です。そうなると、やはりセンサーが張り巡らされたスマートシティのような状態が求められます。いずれも、5Gの出番が大きく期待されるのです。

●普及の要因

前述した買い物のゲーム化は、一見すると斬新に見えるかもしれません。しかし、すでに萌芽となるユーザー体験は存在しています。

そもそも買い物でポイントを貯めるという行為自体が、ちょっとしたゲーム感覚のはずです。血眼になって1ポイントを集めるというよりは、もらえるなら貯めておくか（そして貯まったらラッキー）くらいの気分で、多くの方が楽しんでいるのではないでしょうか。日本は諸外国に比べてもポイントエコノミー大国と言われており、こうしたユーザーとの関係構築は海外と比べても活発です。

こうしたゲーム化に寄与する背景として、位置情報ゲームの存在も大きなものがあります。代表的なアプリにポケモンGOがありますが、今でも街中でポケモンの捕獲や育成をするためにスマートフォン片手にユーザーが集まっている姿をよく見かけます。それに着想を得た近似のゲームや、前述のようなウォーキングアプリも盛んです。買い物をはじめとした生活シーンのゲーム化が、こうした「すでに存在するユーザー体験」の延長線上にあるとしたら、普及はそれほど困難ではありません。前例となる体験を使うことで、説明せずとも直感的に理解してもらえるからです。

同時に、これらのサービスが広く利用されるためには、5Gの普及が進むことが必要不可欠です。例えばスーパーマーケットやコンビニで、顧客数だけでなく事業者側の在庫状況を把握するためにも、5Gを使ったリアルタイムな情報管理システムが必要でしょう。生活シーンとなると、屋内だけにとどまらず屋外での行動も伴うことから、生活空間全般で5Gの普及が進むことが求められます。

さらに買い物の場合、一つの個店の情報管理だけでなく、コミュニティ(生活圏)全体、または広域のサプライチェーン全体での情報共有が必要になります。ほとんどのユーザーは、特定の事業者系列の中だけで生活を営んでいるわけではないので、事業者間の垣根を超えた共有という、よりハードルの高い要件を満たすことが必要です。

●どのような企業が向いているか

ゲーミフィケーションは、従来はサイバースペースに限定されていたゲームの楽しさを、実空間に展開してユーザーの行動に変化をおよぼそうとするものです。そのため、実空間側の事業者が重要なプレーヤーとなります。具体的には、スーパー、コンビニ、カフェ、レストランなどといった、店舗を持ちながら最終消費者向けのサービスを提供する事業者全般が該当します。

サイバースペース側のプレーヤーは、ゲーミフィケーションのエンジンを供給する役割を担います。インターネットでショッピングモールを運営する楽天やヤフーなどのEC事業者や、モノの流通を担うメルカリなどのC2C事業者は、潜在能力を有していると言えるでしょう。実際、アマゾンが米国でAmazon Goというキャッシュレスをコンセプトにした小売り店舗を運営しているのは、こうしたトレンドに沿ったものです。

情報を仲介することで人間の行動変革を促すという意味では、サイバーエージェントのようなインターネット広告と情報メディアを一体的に有する事業者や、ぐるなびや食べログのようなレストランとユーザーを結ぶ事業者にも参入余地があります。

●準備するタイミング

ゲーミフィケーション自体は、すでに4G／LTEの環境下でも提供が進んでいるサービス形態です。そしてゲーミフィケーションを成功させるには、ユーザーの理解や共感が欠かせないことも分かっています。そのため、特にサービス提供主（直接的な影響が大きい事業者）の参入時期は、「すでに始まっている」となり、啓蒙活動期までの3～4年間はエンゲージメントを強化するための時間として事業開発に取り組む必要があるでしょう。

一方で、ゲーミフィケーションの高度化は、サプライチェーン全体でのデータ利活用を伴って成立します。現在、こうしたデータ（特に産業データ）の流通を促進する取り組みが政府でも進んでおり、早ければ2020年代の前半にも中核事業者によるエコシステムの構築が大きく進む可能性があります。その意味でも、幻滅期の後半である2021~2022年ごろが大きな変革のタイミングとなり、参入機会が一気に広がる可能性があります。

データ利活用の進展は、データプライバシーへの配慮を高める必要がある、ということでもあります。日本の個人情報保護法は、前回の2017年に施行された改正法以降は「3年ごとの見直し」がサイクルとなっており、次は2021年と2025年ごろの施行が考えられます。この観点からも、2021~2022年ごろがターニングポイントとなりそうです。

●協業を検討すべきプレーヤー

都市における生活機能を支える事業者として、金融機関(決済)、交通事業者(移動)、報道機関(情報メディア)など、いわばインフラに準ずるような機能を担う事業者は、都市生活の自由度や利便性を高める存在であり、ゲーミフィケーションの実現においては提携を視野に考えるべき相手と言えます。

ゲーミフィケーションは人間の流動性を左右することにもなるため、場合によっては土地の価値を変動させることにもなります。ゲーミフィケーションによって、これまで一等地とされてきた表通りに面した場所より、気の利いた店が並ぶ裏通りに人が動くと、そちらの価値が上がる可能性がある、ということです。従って、こうした影響の連鎖は、不動産業などにも派生していくでしょう。

また、広告産業もゲーミフィケーションに向いています。というより、広告産業はこうしたトレンドを踏まえて、大きく変革を迫られていくかもしれません。従来、ユーザーの行動を誘導する役割を果たしてきたのは、テレビなどマスメディアの広告でした。近年はインターネット広告もその役割を果たし始めていますが、いずれにせよ「広告」がユーザーに気付きを与える役割を担っていました。

しかし、前述の「買い物のゲーム化」のような機能は、広告だけで実現することは困難です。むしろ、サプライチェーン管理やマーケティング活動全般の中にユーザーを包摂して、特定の事業者にとらわれない、より幅広い視点での最適化が必要となります。そのため、最終的には既存の広告産業や、それにより収益を得ているテレビや新聞といった広告媒体にも影響がおよぶ可能性があります。

スマートシティ：5Gで本当の「公共活動の最適化」が進む

●どんなサービスか

5Gの啓蒙活動期以降に注目されるユースケースの一つがスマートシティです。人間以外のさまざまな情報をデータ化・ネットワーク化していくことで、街全体の効率を最適化するのと同時に、「街のユーザー」である生活者に対しても新しい価値を提案・還元していこうというのが狙いです。

これまでスマートシティの便益として期待されていたのは、エネルギー消費の効率化、つまり省エネです。スマートシティのコンセプトは5Gの検討が本格化する以前から始まっており、その中心にあったのは省エネでした。

例えばお隣さんのソーラーパネルが発電した電気をおすそわけしてもらうというようなコミュニティ・ブロック（住居の区画やマンション一棟など、生活空間を集約する際の最少単位）でのエネルギーの融通や合理化、ごみ焼却場で発生した熱を街全体で循環して使うコージェネレーションなど、刻々と変化するユーザーニーズとサプライサイドの事情を最適にマッチングさせるようなアプローチです。こうしたサービスは、すでに地域電力会社という形態で実現され始めています。

5Gの通信環境が整備されると、このニーズをさらに弾力的に変化させることができます。風呂の給湯を後30分我慢してくれたら、地域全体のエネルギー消費が安定して無駄に電気を消費しなくてもよくなるので、待ってくれた人に100ポイントをプレゼント、というようなものです。こうした発想をディマンド・レスポンスと言いますが、これをさらにダイナミックに提案し、ユーザーの行動を変化させるようなサービスが期待されます。

5G時代のスマートシティは、当然ながらエネルギー分野にとどまりません。あなたが目的地より二つ手前の停留所でバスを降りてくれたら、バスの稼働率を最適化できるので、応じてくれたらコンビニコーヒーのクーポンをプレゼントする、というような街のモビリティ（移動）の最適化も考えられます。レストランやカフェ、あるいは診療所のように、供給能力にボトルネックが生じるため需給が逼迫しがちなサービスの平準化を提案するようなことも可能でしょう。

さらに、地域に暮らす住民は、その地域の原動力であり、住民はできるだけ健康であることが地域活性化の観点からも期待されます。単なるエネルギーやモビリティの改善だけでなく、住民一人ひとりの健康改善のために、移動の際に積極的に歩いてくれた人をポイントなどで優遇するような方法で、社会保障の効率を高めるためのスマートシティもあり得るでしょう。

このように、5Gの啓蒙活動期におけるスマートシティは、定点で静的に観測されたデータに基づくパッシブな効率化ではなく、ユーザーの需要をダイナミックに変化させ、ユーザーを我慢させるだけでなく満足度をむしろ高めながら、全体の効率を高めていくという、アクティブな最適化が実現するのです。

●普及の要因

スマートシティ実現の取り組みは世界中で進んでおり、求められる背景は各国でそれぞれ異なります。多くの場合はエネルギーやモビリティの効率性を改善したいという期待ですが、日本の場合はそれに加えて、少子高齢化が大きな要因として存在します。

都市機能のうち、特に生活インフラに関係するものは、原則として共用を前提としています。通信インフラはまさしくそうですが、それ以外にも、電気・ガス・水道、または消防署や病院といったものも該当します。特に、四六時中使うわけではないものほど、準備量を減らすのが合理的な考え方です。人口1万人の都市で1万台の救急車を用意する必要はない、ということです。

問題は、その1万人の内容です。平均年齢の低い若い人が中心の都市であれば、そもそも救急車のお世話になるような機会も少なく、ちょっとの病気や怪我なら自力で病院にたどり着くことができるでしょう。しかし高齢者中心の街では、出動機会は増加していきます。筆者も、休み明けの月曜午前には、都市部では救急車や病院の救急窓口がどこも大混雑しているという話を複数の関係者に聞いたことがあります。

日本全体は、すでに人口のピークアウトを迎え、高齢化を伴った人口減少の局面に入りました。問題は都市ごとの状況ですが、5Gの普及が進む2020年代は、地方の中小都市はもちろん、東京などこれまで人口が増えていた都道府県の中規模都市でも、高齢化と人口減少が進み始めます。高齢者は増え、支える側の担い手は減るのです。

こうした状況下で、これまでと同じような生活インフラを維持しようとすると、一人あたりの負担が大きく増えます。社会保障と全く同じ構造で、現状の現役世代による負担ありきで進めると、負担する者とされる者の差が大きくなり、耐えられなくなった働き手の人口流出や、子供を持つことを諦める（つまり少子化）という状況が繰り返されます。こうした問題を解消するためにも、スマートシティが求められています。

技術的な側面からスマートシティの実現を考えると、センサーやカメラといったIoTデバイスの普及が不可欠です。こうした技術が普及するためには、センサーとしてのデータ収集性能の向上はもちろん、必要なデータとそうでないデータを峻別するための識別性能、必要なデータを適正に取り扱うセキュリティへの配慮、必要でないデータを取り扱わないというプライバシーへの配慮が必要です。そしてそれらを満たした上で、コストが安くなければ普及は進みません。

4G／LTE時代の基地局は、能力の限界を基地局数を増やすという比較的単純な方法で解決していました。それは接続する端末のユーザーが人間という付加価値の高い（またはお財布がリッチな）存在であり、それゆえかかるコストを通信料金に転嫁できたために実現できた方法です。

5Gの特徴の一つである多数同時接続は、そうした状況を大きく変化させることを狙った技術です。従来に比べ、基地局あたりの接続数を増やす、つまり現在より多くの端末が通信できることで、端末を収容するためのコストは低下します。その結果、IoTデバイスをまさしく「ばらまく」という感覚で敷設することができるため、そうしたデバイス「群」の総体として集まってくるビッグデータを原資としたビジネスが可能となるのです。

このように、技術要件の向上により、単なるコスト削減ではなく、コストの構造を変えることで、5G環境はIoTデバイスの普及を後押しします。そしてその構造転換を果たす際の「便益の単位」が、4G/LTE時代の「契約者」(一人の人間)から、コミュニティや街全体に変わっていくのが、5Gサービスの特徴と言えます。

幻滅期を乗り越えた5Gは、屋内外のいずれの空間でも普及が本格的に進みます。特に啓蒙活動期が本格化する2023年以降の5G環境は、4G/LTEに依存していたNSAではなく、5Gの特徴が隅々まで行き渡るSAが中心となります。

SA中心の5G環境は、基地局が屋内外のいずれでも細かく分散した状態で敷設され、それらが高性能のネットワークに接続されています。そしてそれは、従来の公衆Wi－Fiとは異なり、IoTデバイスなどの端末が(通信事業者などによって)確実に認証されている状態で実現します。逆に言えば、SAによる5Gが普及しないと、コスト構造はもちろん、セキュリティなどの社会的な信頼性の観点からも、本格的なスマートシティの実現は難しいと言えるでしょう。

●どのような企業が向いているか

スマートシティの推進には、首長や行政といった地方自治体の取り組みが欠かせません。5Gはスマートシティを構成する重要な要素ですが、その潜在能力を最大限に発揮するためには、例えば道路計画の見直しや交通手段の適正配置、公共施設の再配分など、公共財の取り扱いを抜本から見直すことが必要です。

そのためには、政治的な手続きに基づく合意形成が不可欠ですし、一時的に不便を強いられる生活者に対する支援なども必要です。実際、海外で先行するドバイやシンガポールは、強力なリーダーシップによって都市国家のような地域になっています。統治機構の在り方や構造そのものの変革さえも、スマートシティの推進には必要なのかもしれません。

生活インフラの維持に直接関係する産業も、スマートシティへの参画が強く期待されます。エネルギー、モビリティ（公共交通）、電気・ガス・水道・通信、土木（道路、河川）、医療・ヘルスケアなどは、現時点ですでに取り組みの強化が必要でしょう。

ソフトウェアとしてのソリューションを提供する企業も必要とされます。都市は広域で複雑であり、日々の改善や持続的な成長が求められる「システム」なので、それに対応したソフトウェアはプロジェクトを維持させるという観点でも難易度の高いものです。

グーグルの親会社アルファベット傘下の「サイドウォークラボ」がカナダ・トロントで進めているプロジェクトでは、2030年代の完全自動運転達成や、2040年時点の経済効果

図3-3:「サイドウォークラボ」トロント・プロジェクトのWebサイト

URL：https://www.sidewalktoronto.ca/

などがマスタープランとして示されています。ＮＴＴグループが米国ラスベガスで進める取り組みでも、少しずつ機能を拡張する慎重なアプローチが採られています。こうした、長期間のプロジェクトを進めるためのノウハウも含め、地道な取り組みを続けられる自力が必要です。

●準備するタイミング

スマートシティそのものへの取り組みは、５Ｇとは関係なく現在進行形で進んでいます。しかし前述の通り、従来の４Ｇ／ＬＴＥ環境では、コストがなかなか見合いません。現在のＩｏＴデバイスで用いられることの多いＬＰＷＡ（ＬＴＥやＷｉ－Ｆｉを用いた省電力・広域の通信）は取り扱うデータ量が小さいからです。データの流通量が少ない場合は有効ですが、よりリッチな情報を処理するためには、特にSAによる本格的な5Gが必要です。

逆に、スマートシティのニーズが、SAによる5G環境の普及を進めるドライバーにもなります。都市側のニーズが切迫するほど、5Gが強く求められるわけです。従って、SAの普及に向けた検討が進む幻滅期の後半（2021~2022年ごろ）から、5Gを前提にしたスマートシティがクローズアップされていくでしょう。

●協業を検討すべきプレーヤー

スマートシティの背景にある人口構成の変化は、すでに行政機能の限界という形で、都市機能の低下として顕在化し始めています。その解決に向けて、民間による行政機能の代替の検討も進んでいます。こうした公設民営のアプローチで民間側の担い手（オリックスのようなPPP＝パブリック・プライベート・パートナーシップ：公民連携の受託事業者や、都市全体のデベロッパー）となっている企業は、協業先として非常に重要です。

また、スマートシティの計画が進む中で、生活インフラだけではなく、日常生活の改善や最適化への期待が膨らむ可能性があります。例えばレストランやカフェ、あるいはフィットネスクラブや銭湯・温泉など、小さいながらも需給逼迫のボトルネック構造を有するような事業は、スマートシティとの相性が良いと言えるでしょう。

スマートハウス：介護のニーズも汲んだ「安心センサー」に進化

●どんなサービスか

5Gはモバイルだけの通信インフラではありません。動画配信サービスやゲームからも分かるように、家やオフィスでのユースケースを通じて、屋内外を垣根なく乗り越えていくことに価値の本質があります。

5Gで期待されている屋内サービスの一つに、スマートハウスがあります。コネクテッド対応を進めた家電製品やセンサーを通じて、生活の利便性を向上するというものです。

こうした取り組みの萌芽として、アマゾンが提供するダッシュボタンが組み込まれたLG製の冷蔵庫が、2019年のCESで紹介されていました。扉に装着された液晶パネルに表示されたダッシュボタンで、牛乳やバターが足りなくなったらすぐ注文することができるという仕組みです。ある意味で誰もが思い付きそうな原始的なアプローチですが、こういう形でスマートハウスは（実験ではなく）商用化していくのだろうと感じました。

〝アマゾン冷蔵庫〟のような家電製品は、テレビ、電子レンジ、電灯と、今後その裾野をどんどん広げていくでしょう。付加価値として便利かどうかに関係なく、自然とコネクテッド化していくということです。そしてそうした機器がネットワークに接続され、住宅内で生じる多様で細かい行動がデジタル化していくと、住民の生活状態が可視化されるようになります。いつも何時ごろに何分間冷蔵庫を空けているのか？ 牛乳を注文する時間帯はいつも何時ごろか？ などが分かれば、その家の居住者が牛乳を飲む時間帯や関連して行っていることが少しずつ分かってきます。これを直接的にビジネスにつなげると、いわゆるレコメンデーションやサブスクリプションを軸としたインターネット通販ということになります。アマゾンはこれを狙っているのでしょう。

こうした行動履歴は、その人の通常の日常生活を浮き彫りにします。朝食を食べる時間帯は何時ごろか、その時にコーヒー（ポットでお湯を沸かす）とオレンジジュース（冷蔵庫を開ける）のどちらを飲むのか。その後、いつ歯を磨き、身支度のためにどの部屋のライトをつけて、いつ消すのか。こうした人間の生活習慣は、平日にはそれほど大きくブレませんし、休日は休日で少し夜更かしをして晩酌を楽しむといった、それなりに決まったスタイルがあります。

この行動履歴を中長期的に記録すると、「本来この日はこういう行動をしているはずだ」という行動予測につながります。そしてそれは、通販という事業機会だけでなく、場合によっては生活者の異常を検知することにもつながります。

通常であれば必ず起きる時間に起きてこない。それなら単なる寝坊かもしれません。しかし、起きて朝食を食べたようだが、その後飲み物を飲むという行動が起きない。さらに歯も磨いていないし、身支度もしていない。こういった異常が重なり、センサーやカメラが作動すると、なぜかダイニングテーブルの近くで横になって動かない居住者がいると分かるかもしれません。つまり「何らかの事情で体調不良により倒れている」ということが検知できます。場合によっては、もはや自分で救急車を呼べない状態かもしれません。だとしたら、自動的に通報することが期待されます。また、そもそも救急車が出払ってしまっているとしたら、ご近所の方や近くにいるタクシーに緊急連絡するほうが有効で効率的でもあります。こうした総合的な判断を、センサーとAIを駆使したスマートハウスが自動で行うようになります。

●普及の要因

生活動態の可視化をニーズとして顕在化させる大きなドライバーは、やはり少子高齢化でしょう。省エネも大事ですが、自分の生命の危機感に直接訴えられたほうが、ユーザーはより敏感に反応するからです。

2章で触れた通り、5Gの普及が進む2025年ごろの日本では、団塊の世代が全員75歳を超え、全人口の3人に1人が65歳以上の高齢者となります。同年には65歳以上の5人に1人が、程度の差はあれ認知症を患っているとの予測も紹介しました。

これは単に絶対数の問題だけではありません。こうした方々を社会全体で受け止めていくということは、軽度の要介護者や認知症患者は、これまでと同様に家庭で生活してもらう必要があるということです。これまでと同様と言うのは、子供やパートナーといった介護者や、見守る存在がいない単身生活者もそうしなければならないということです。

今後は公共サービスの供給能力の低下も避けられません。税収不足はもちろん、担い手も足りない以上、社会全体での緊急時の対応能力（救急車の数や緊急通報対応が可能な人員数）には限界があります。まして単身世帯が増加していくことを考えれば、従来のような「異常が起きたら家族が通報する」という社会システムが成立しない時代が訪れる可能性が残念ながら高いと言えます。

その時、5Gによってコネクテッド化が進んだスマートハウスが、居住者の安全・安心を担保するだけでなく、コミュニティ全体でのコストを抑制することで、従来と同等以上の社会機能を獲得することができるかもしれません。というより、そうした社会を目指さないと、これまでと同様の生活水準を維持できないかもしれないのです。

こうしたデジタル技術を用いた生活動態の可視化は、以前からさまざまな取り組みが進んでいました。近年ではHEMS（ホームエネルギーマネジメントシステム）などの取り組みで家庭内の可視化を進める動きがあります。そのため、技術の基礎については概ね実現していると言えます。ただ、HEMSはその名前の通り省エネを念頭に置いているので、ここで説明したようなスマートハウスとはなかなかつながっていませんでした。

こうした基礎技術の蓄積をベースに、さらに高機能なサービスに進化させるには、5Gネットワークの整備や、その先にあるコネクテッド対応した家電製品の拡充、さらにセンサーやカメラの普及が必要です。そして、そこで取得されたデータが十分に蓄積されることと、その大規模データを正しく分析し、便益として還元するためのAIシステムも必要です。さらに住居内が「丸裸」にもなってしまう以上、プライバシーへの影響ができる限り小さくなっていることが強く期待されます。それらの要件が満たされる見通しが立って、初めて普及が進むはずです。

●どのような企業が向いているか

スマートハウスと呼ばれる以上、当然ながら家そのものをスマート化していくことが求められます。一方で宅内設備はそう簡単に入れ替えできません。従って、住宅を建造する住宅メーカーやマンションデベロッパー、工務店の役割はとても大きなものがあります。

しかしながら、住宅のライフサイクルと技術の進化は全く一致しません。そのため、建造後の住宅が技術を後追いしても違和感なく使えることが期待されます。例えば家電メーカーの取り組みや、電設部材（照明機材、スイッチ、コンセントなど）のIoT化は、今後も大きく期待されます。また、こうした部材を開発して供給する事業者として、イケアやニトリのような家具の量販店なども想定されます。

サービス面では、家庭内の安全を保つという業務は、これまで民間の警備会社が担ってきました。すでにセコムやALSOK（綜合警備保障）のような警備会社は5G時代への研究開発を進めており、今後も中核を担うことが考えられます。特に日本の警備会社は、単なる警備員の提供だけでなく、銀行ATMなどの普及に伴って発展してきた歴史があり、警備のオートメーション化を進めることを特徴としています。高齢化による安全・安心へのニーズが高まる中、担い手が不足し続けるという需給逼迫が発生しやすい業界のため、5Gとの相性は極めて良いと言えます。

警備会社と契約するほどではないが、いざという時に助けてほしいというようなニーズにも、5Gサービスの対応が期待されます。例えばちょっとした安否を確かめてほしい時に、定期的に巡回する郵便配達や宅配便のドライバーに頼むといったサービスがすでに始まっています。救急車を呼ぶほどではないが急いで病院に行きたいという場合に、近くのタクシーを（場合によっては実車中の乗客を降ろしてでも）割り当てるというようなことも考えられるでしょう。

●準備するタイミング

日常生活の安心・安全に直結するサービスは効率性の低下が顕在化しており、今後それが維持できなくなる懸念が生じつつあります。そのため、できるだけ早期に普及してほしいというニーズはすでに存在していると言えます。

ただ、近代の都市生活における住居は基本的に閉ざされた空間です。いわばプライバシーの塊でもある家の中の実態を明らかにして、外部の関与を誘う以上、プライバシーが守られ、それがユーザーによってコントロールされなければなりません。このプライバシーに関連する技術に対して、ユーザーは厳しく評価するはずで、「必要性は分かるがそう簡単には受け入れられない」という状況が続くことも予想されます。

おそらく、家にまつわる課題が社会問題として本格的に提起され、課題解決に向けた合意が形成されることが、ニーズが顕在化する転換点となるでしょう。日本社会では、高齢化や認知症の広がりなどが予見される2025年が、一つの大きなタイミングとなるはずです。2025年は、5Gの環境的にも理想的なタイミングです。幻滅期を終えた後のSA普及が軌道に乗り、社会全体に5Gが浸透し始める時期だからです。スマートハウスに5Gを用いるという発想も、その時点ではかなり自然なものとして受け入れられているでしょう。

データプライバシーの取り扱いを規定する個人情報保護法も、前述のように2025年ごろのさらなる改正が見込まれています。おそらくそこでは、十分に事前検証を行い、ユーザーが内容を理解した上で明確な同意を得られたサービスについては、従来より積極的に個人情報を活用できる道が開けると考えられます。

●協業を検討すべきプレーヤー

スマートハウスがもたらす便益として、個々人の生活の質を向上させるだけでなく、社会全体のコストを低減する効率化への寄与が期待されます。一方でそうした社会全体の視点で考えてみると、課題となるのはビジネスモデルです。直接的な受益者負担（サービスを使う人だけが負担する）という構造ではおそらくサービスの費用は下がらず、普及の遅れや便益の偏り、すなわち安全・安心にお金を払える人ほどより多くの便益を得られるという格差が生じ、本来の目的から離れかねません。

従って、スマートハウスを一つの社会システムとして位置付け、かかる費用を当事者全体で負担し、便益提供者に対して利益分配するようなメカニズムの構築と運用が最も重要なテーマになります。これを地域の社会保障制度の中に組み込むというのも、アプローチの一つとなるかもしれません。

その場合、導入当初はコストが上昇するかもしれませんが、社会全体での効率性向上につながるのであれば、中長期ではコストの抑制につながることが期待されます。ここまで行くともはや民間事業ではなく公的事業になるので、地方自治体や国政を巻き込んだ意思決定が必要となるでしょう。

スマートファクトリー：「チョコ停・ドカ停」を減らす救世主に

●どんなサービスか

各種工場における生産現場での適用で期待されているのは、スマートファクトリー（工場のデジタル・トランスフォーメーション）です。当初は工場内の業務効率化に5Gが使われると予想されますが、将来的には単なる効率化ではなく、屋内外の垣根がなくなることによる事業の最適化や付加価値の向上が期待されます。

工場にはさまざまな生産機械が存在し、それらが作り出した部品が組み合わさって製品となります。この生産機械ごとの個別プロセスが組み合わさる方法の一つをライン生産方式と呼び、機能ごとに工場の空間を分けて専門的に分業する形態をセル生産方式と言います。大まかには前者は大量高速生産、後者は複雑な製品を取り扱う中規模生産に向いており、モノづくりの高度化が進む近年は後者のアプローチも普及しています。

ライン生産方式では、大量高速生産という目的から、常にラインが稼働していることが期待されます。そのため、稼働能力の最大化とバックアップを兼ねて、同じ製品を作るラインを複数本備えることもあります。それほど大量の生産を安定的に求められるということは、生産機械が何らかの理由で停止したり、トラブルで能力が低下すると、業務全体に大きな影響をおよぼすということです。

他方のセル生産方式では、より高度なモノづくりが進められます。それに伴って、生産機械も精密なものが増えていきますが、一般に精密機械は繊細なものが多く、安定的に稼働させることが生産性の向上に直結します。

これら生産機械の停止を「チョコ停・ドカ停」と言います。文字通り、前者はチョコッと（少しの間）、後者はドカッと（長期間）、停止する状態のことです。前者でも期待される稼働を下回るので生産性が低下しますが、後者に至ってしまうと最悪の場合当該ラインがすべて停止してしまうため、生産量はもちろん、部品の在庫や調達などにも影響をおよぼします。そのため、原則としてチョコ停を抑制することを目指しながら、もしチョコ停が発生したらその段階でドカ停まで至らないように原因究明と対処を行うのが、現場の改善の基本となります。

しかし、相手は高度化した生産機械です。チョコ停・ドカ停の前兆も、繊細な振動や温度の変化、通常は聞き逃してしまうような異音の発生など、人間の感覚では把握できない可能性があります。それに、そもそも合理化と高度化のために生産機械を導入しているのであって、人間が24時間張り付いて監視を続けるのは合理的ではありません。

そこで、人間には検知できないような微細なレベルの異常を精密にモニタリングし、チョコ停・ドカ停につながりそうな兆候をＡＩによって予測するという取り組みが進み始めています。日本の生産現場は「改善」に対するこだわりが強いこともあって、こうした生産機械の安定稼働に向けた予防的な取り組みが、スマートファクトリーの大きな原動力となっています。

●普及の要因

チョコ停・ドカ停が起きてしまうと、製品を作れないことによる生産量の減少や停止による機会損失はもちろん、機械の修理、原材料の劣化、稼働できない従業員の給与支払い、さらには復旧後のサプライチェーン再構築にかかるコストなどが生じます。また、競合事業者との間で原材料を奪い合っているような成熟市場の場合、その調達能力にも影響がおよぶ可能性があります。こうしたサプライチェーンの非効率化や、生産機械の休眠による減価償却の観点から見た不良資産化などは企業経営全体への影響が生じます。そのため、チョコ停・ドカ停を抑制できるシステムには大きなニーズが存在しており、生産現場の効率化と合わせてさまざまな取り組みが進んでいます。

すでにいくつかのソリューションも製品化されており、NTTドコモは2019年4月から「docomo IoT製造ライン分析」というサービスを提供しています。ただし、現在の4G/LTE環境では、精密な連続的モニタリングの中からごくわずかな変化を検出するために期待される低遅延性能が得られなかったり、計測の正確性を高めるために大量のセンサーを用いる際、センサー群を同期させるのが容易ではありません。要するに、大量のセンサーを用いるためのコストが釣り合わないのです。そのため、スマートファクトリーに5G環境が期待されているのです。

特に遅延やコストを考えると、4G／LTEの性能を部分的に受け継いだNSAよりも、5Gの性能をフルに発揮できるSAによる5G環境のほうが、より精度の高いスマートファクトリーを実現できます。

●どのような企業が向いているか

直接的なユーザーとして考えられるのは、多くの精密機器を生産機械として有するメーカーの生産現場全般です。100%とは言い切れないと思いますが、ほとんどの精密機器は、チョコ停・ドカ停の予兆を察知しづらいというリスクを有しています。そのリスクが顕在化して生産機械が停止した際には、事業機会の損失はもちろん、さまざまなコストが発生します。

生産機械の不安定化が、機会損失を含めた大きな潜在コスト要因になっているということは、発生し得るコストの推計値を上限として投資が可能だということです。スマートファクトリーの実現にかかるコストが、実現しなかった際の潜在コストを下回れば、差分が生じるだけ利益になるからです。そうした比較分析を行って、スマートファクトリー化で得られる利益が見込める生産現場から、順次導入が進むでしょう。

●準備するタイミング

5Gによるスマートファクトリーが進む要因として、生産現場側の大きなトリガーとなるのはやはり人手不足でしょう。従来は現場を知り尽くした職人のようなエキスパートのノウハウに依存し、雇用延長などで対応を続けてきましたが、2025年ごろには団塊世代が全員75歳以上になります。

近年、経済産業省が「2025年の崖」という問題を指摘しています。ITインフラの老朽化、サポート終了、そしてレガシーシステムの保守要員が激減することで、多くの生産活動が停止を余儀なくされるという警鐘です。同省の問題意識はITシステムを意識したデジタル・トランスフォーメーションの促進にありますが、ファクトリーオートメーション自体は以前から進んでいることから、生産現場も近似した状況だと言えます。

2025年に「崖」が訪れるのだとしたら、それまで待っていては問題を克服できません。本格的なスマートファクトリーの要件としてSAが期待されることを考えても、5Gの啓蒙活動期を迎える2023年ごろから着手することが必要でしょう。

スマートファクトリーについては、総務省が構想する「ローカル5G」というアプローチも期待されています。詳細は本章の章末コラムで後述しますが、5G向けに割り当てられた周波数帯の一部を、モバイル通信事業者「ではない」事業者に割り当てるというものです。具体的には、固定系通信事業者、CATV事業者、ISP事業者のほか、システムインテグレーターや自治体なども想定されています。現在、5Gの屋内利用に限定して、より簡便・柔軟な5G環境の提供に向けた検討が進められており、2019年12月までには免許化に向けた制度整備を終えることになっています。

ローカル5Gの普及は2021年ごろから徐々に本格化していくと予想されており、端末や基地局などの準備が整えば、2023年を待たずにスマートファクトリーの取り組みが加速する可能性も考えられます。

●協業を検討すべきプレーヤー

スマートファクトリー化は、生産機械のメーカーやプラントベンダー、保守事業者などにも便益があります。チョコ停・ドカ停を抑制できたとしても、機械である以上は部品の消耗などがあるわけで、生産を止めた定期的なメンテナンスが必要不可欠です。これを連続的にモニタリングすることで、「いつごろ停止しそうか」という予測が立てられれば、保守にあたる事業者の稼働や部品の在庫管理を最適化でき、利益向上や現場の負荷低減につながります。

そのため、従来のような機器の売り切りやリースといったビジネスモデルだけでなく、保守サービスを一体化させたサブスクリプション型のビジネスモデルも検討されるでしょう。この場合、決済や保険など金融技術を組み合わせた事業開発が考えられることから、銀行や証券などとの協業もあり得ます。

スマートファクトリーによって生産機械の稼働率が向上すれば、潜在的な事業リスクは減少していくことになります。一方で残存する生産活動のリスクは、場合によっては予防しようがないものとなり、顕在化した時の被害が深刻化するという可能性があります。そのため、スマートファクトリー化が進むほど、損害保険などの備えが局所的に必要になるかもしれません。

スマートサプライチェーン：輸送の最適化&ブランド力の向上に寄与

●どんなサービスか

スマートサプライチェーンは、複数の生産拠点を結んで製造を行う際の流通・物流構造（サプライチェーン）を最適化する取り組みで、5Gの啓蒙活動期に期待されるソリューションの一つです。

前述したスマートファクトリーは、ある特定の生産現場の効率化・最適化を目指すものですが、モノづくりの多くは単独の工場だけで完結せず、複数の生産拠点で作られた部品がさまざまな段階を経て複雑に組み合わされて最終製品になります。その際、前後の作業を担う生産拠点間を部品・部材が行き交いますが、適切なタイミングで部材が届いていないと、次の生産工程に入れないということが起きます。

スマートサプライチェーンは、自分が担う製造工程だけでなく、前の工程と次の工程の詳細な状況を5G環境下でセンシングし、プロセス全体の把握や調整を進めることを可能とします。特に、輸送中の状況もセンシングすれば、急がなくていい場合は低速走行ができ、走行の安全や省エネ、輸送の品質向上につなげられます。待機状態をできるだけ削減して、業務効率化や環境改善に資するのと同時に、生産現場としても渋滞や事故など輸送中のトラブルが発生した際の代替手段を即座に判断できるようになります。グローバリゼーションが進んだ今日では、国境を越えたサプライチェーンの構築・運用も活発に行われています。その際、部品の流通を生産段階から納品されるまで監視し、不良品や不正品が紛れ込まないようにするための取り組みが強く求められるのです。

トレーサビリティの質を向上させる取り組みは、これまでも牛肉のような高級生鮮食品を中心に進んでいました。一義的には、品質の高い製品を安全に提供するという信頼性の構築によって、製品のブランド価値を高めようとするのが狙いです。同時に、もともと付加価値の高い製品であるがゆえにトレーサビリティの費用を負担でき、それによってさらに価値を高めるという相乗効果も期待できました。

さらに、国際競争の活発化に伴い、モノづくりの世界でもブランド価値が意識されるようになりつつあります。ボルトやネジといった細かな部品であっても、ジャパン・ブランドを名乗ることで、信頼性に裏付けられた付加価値を獲得しようということです。その実現には、製造と物流の両方で、製品が適正に製造～輸送されているかが可視化される必要があります。すなわち「モノのトレーサビリティ」です。

こうした物流の最適化や品質管理も、スマートファクトリーと同様、高い精度でのセンシングやそれに基づく業務遂行が求められます。それこそ全国規模で高精度のセンシングを可能とする5Gサービスが求められますし、グローバル・サプライチェーンであれば、国内だけでなく海外ともネットワークが一体化する必要があります。ネットワーク品質はもちろん、セキュリティ要件を満たすことも必要で、5G環境での応用が見込まれるネットワーク・スライシングを用いて特定のサプライチェーン向けの専用ネットワークを仮想的に構築し、「トラスト」を実現できます。

●普及の要因

サプライチェーンに対する要求水準は日々高まっています。製品の高度化による分業が大きく進んだこと、製造工程が複雑化していること、競争激化によりコスト削減圧力が日々強まっていることなど、複数の要因が絡み合っており、要求が緩和されることは見通せない状況です。

とりわけ、物流管理はサプライチェーンの要諦となりますが、現実は製造状況はもちろん道路状況などにも依存します。その際、部品を事前に納品して在庫にしておける場合ならまだしも、部品の大きさや特殊性、さらにはそもそも在庫が発生することを許容しないといった経営方針のために、「指定された時間に正確に納品すること」「それが達成できなければペナルティを払うこと」などといった契約が発生します。そのため、できるだけ速く拠点間を移動した後、工場の門前にトラックの行列ができて、指定された時間まで待機するという事態が、サプライチェーンの現場では散見されます。これは製造と物流の両方にとって本来なら無駄なコストですし、トラック運転手の労務問題にも直結し、すでに過労と担い手不足は社会問題化しています。かつ、待機しているトラックの排気ガスは周辺の環境問題にもつながります。

こうしたサプライチェーンマネジメント（以下、SCM）システムは、すでに数々のソリューションが開発されており、大手システムベンダーが世界的に製品を供給しています。また、IoTを用いた物流の省人化・標準化を目指した取り組みである「ロジスティクス4・0」の実現には、モバイルネットワークが欠かせません。ただし現時点ではコストや精度の問題で、Wi-Fiを利用した特定地点でのトラッキングや、4G／LTE環境での限定的なセンシングに終始しています。

SCMシステムの精度を高め、単なる効率化ではなく社会課題の解決につなげるような最適化を実現するには、計測の正確性を高める必要があります。そのため、スマートファクトリーと同じような要件で、スマートサプライチェーンにも5G環境が求められます。特に遅延やコストを考えると、5Gの性能をフルに発揮できるSA環境のほうが期待されます。

●どのような企業が向いているか

直接的なユーザーとしては、現時点でSCMを必要としている多くの生産者が対象となるでしょう。モノづくりはもちろん、生鮮や食品加工などもSCMのニーズが高い領域です。生産・輸送・管理・消費に至るまで一貫して冷蔵・冷凍が求められるコールドチェーンのような、特殊で付加価値の高いサプライチェーンは、食品だけでなく医薬品などでも必要とされています。

加えて、物流や倉庫運用といったSCMを支える事業者にも便益がもたらされるでしょう。特に担い手不足が慢性化している物流業界は、スマートサプライチェーンによる労働環境の改善が今すぐにでも求められる状態です。すでに進められているSCMシステムの高度化から正常進化していく形で、5Gサービスが位置付けられる可能性があります。

●準備するタイミング

スマートサプライチェーンも、スマートファクトリーと同様に「2025年の崖」に対する課題解決の役割が求められます。そのため、2025年から着手するのでは手遅れで、啓蒙活動期を迎えた2023年ごろから着手する必要があるでしょう。

ただし、サプライチェーン全体は屋内だけでなく屋外も対象のフィールドになります。そのため、2019年時点では屋内利用が想定されているローカル5Gだけでは実現が難しく、モバイル通信事業者が取り組む5G環境の普及を視野に入れなければなりません。

社会問題の解決に向けた事業者のモチベーションは強く、場合によっては一部を4G／LTE環境で、他の一部を5G環境で、そして拠点内ではローカル5G環境といった利用シーンごとの使い分けとハイブリッド化が進んでいく可能性もあります。

●協業を検討すべきプレーヤー

スマートサプライチェーンは、いわばスマートファクトリーをチェーンとしてつないだものなので、検討すべき協業先も一部は近似します。例えば、在庫管理の在り方が大きく変われば、財務諸表上の評価の仕方も変わるため、金融技術を組み合わせたビジネスモデルの開発が考えられます。それゆえ銀行や証券会社、損害保険会社などとの協業もあり得るでしょう。

サプライチェーンの高度化によるトラストを実現することで、製品の価値を向上するような取り組みも期待されます。しかし、実直にサプライチェーンを高度化しただけでは価値を認知してもらえず、収益にはつながりません。そのため、トラストによる製品の価値向上に取り組むような、ブランディングに関するノウハウを有する広告代理店や卸業者、リテール事業者との協業も必要になってくるかもしれません。

MaaS：交通のサービス化に絡むプレーヤーは多い

●どんなサービスか

5Gの普及で大きな期待が寄せられるのが、移動に関するサービスです。その背景として、自動運転に関する研究開発が注目されていることと、特に日本では高齢化に伴う自動車運転のリスクが顕在化しつつあること、そして自動運転をはじめとした自動車の高度化に通信技術が不可欠だと広く認識されていることなどが挙げられます。

筆者も早く自動運転を体験したいと考えています。しかしながら、我々が夢見るような完全自動運転は、5Gの時代にはおそらく実現しません。それは通信側の問題ではなく、自動運転の技術開発と、それを許容するための道路をはじめとした社会インフラの再整備、関連する法制度や保険・保障などの整備が全く追いつかないからです。筆者の見立てでは、完全な自動運転は早くても2030年代半ば以降、すなわち早くても6Gの時代に実現するくらいだと見込んでいます。

5Gの時代に期待されるモビリティとの連携は、コミュニティ単位での人やモノの移動の最適化です。特に昨今MaaS（Mobility As A Service：モビリティのサービス化）と呼ばれるコンセプトが注目を集めていますが、汎用車両による移動の価値向上が、5Gによって具体化されていくということです。

現在、MaaSで想定されるのは、電車・バス・タクシーなど公共交通機関の稼働状況をモニタリングすることと弾力的な運用、トラックなどによる共同配送の効率化、ライドシェアサービスの拡充などです。それらの実現には、車両自体の稼働状況はもちろん、道路や街全体の状況がセンシングされ、車両と協調することが必要です。そのいずれでも5Gの普及が期待されますし、特に街全体のセンシングは前述したスマートシティの実現と呼応し合う関係にあると言えます。

また、ドローンによる小さな荷物の運輸やトラフィックの制御・監視支援、自転車や徒歩といった機械に依存しない移動を促進するためのインセンティブ設計やゲーミフィケーションによる利用促進なども、5Gによって花開くと思われます。いずれも現在、ドローン特区のような場所限定での技術開発やユーザーの受容性の検証、ウォーカブルシティ（歩きやすい街づくりの整備）のような形で政府の支援が進み始めたところです。

交通や都市設計の世界では以前から「モーダルミックス」という概念がありました。さまざまな交通手段の特性を活かしながら有機的に連携させ、都市部の輸送需要に対して輸送リソースの最適化を図るというものです。その要素技術の高度化と、ユーザーの日常的な生活シーンも含めたシームレスな連携を、5Gによって統合的に推進することが期待されます。

それらすべてが5G環境下で連携できれば、コミュニティ全体の効率化につながり、生活水準の維持や環境負荷の低下などの効果も得られるかもしれません。あるいは、スマートシティとゲーミフィケーション、MaaSを組み合わせることで、例えば「ラーメンを食べ過ぎた人が一駅分歩けばポイント獲得」という生活者の健康改善につなげていき、社会全体の効率性が高まっていくことも考えられます。すなわち5Gが駆動するモビリティの便益は、コミュニティに還元されていくということです。

●普及の要因

MaaSの需要は、すでに都市部を中心に顕在化しています。そしてこれは、世界中の都市で共通の課題となっており、MaaSへの取り組みも世界中で進んでいます。

MaaSが期待される背景には、運転者の能力の問題もあれば、交通手段の連携が不十分であるがゆえの非効率、それによって生じる労働環境への悪影響や環境負荷の増大などがあります。都市において、モビリティは世界中どこでも課題だらけということです。特に日本の場合、大都市圏への人口集中が当面続くことを考えれば、課題は大きくなる一方です。

すでに人口減少時代を迎え、地方部では社会インフラとしてのモビリティ機能をどのように維持するか、できないとしたら何をどう代替して、どこを最終的に諦めるか、という検討を、非常に難しい意思決定を含めながら進めなければなりません。有り体に言えば、「このコミュニティには救急車は出動できないので、ご近所のマイカーやタクシーを活用してください」「この地域には最低限のモノしか運べないので、新聞配達は中止します」というような決断を、それぞれ迫られていくということです。

しかし、5Gを中核とした新しい技術によってこうした機能を代替できるのであれば、これまでの生活水準を維持したり、今までと違った付加価値を伴って新しい手段を楽しむことができるかもしれません。個別の技術はすでに開発が進んでおり、現時点でも少しずつ日常空間で使える局面が増えています。今後は5Gの普及に応じて、個別の進化と連携が進むばかりとも言えるでしょう。

そう考えれば、普及を支える最大の要因は、現実を直視して新しいテクノロジーを受容するユーザーを増やすことであり、コミュニティ全体の合意を取り付けていくことなのかもしれません。反対に、普及を阻害する最大の要因は、テクノロジーによる代替手段の受け入れに消極的なユーザーの姿勢なのかもしれません。

●どのような企業が向いているか

直接的なMaaSの当事者としては、自動車メーカー、公共交通機関、不動産デベロッパー、地方自治体などが挙げられます。また、MaaSはスマートシティと密接に関係することから、プロジェクトが複雑かつ長期に及びます。そのため、長期間のプロジェクトを維持・拡大させるノウハウを有するシステムインテグレーターも必要です。

そもそもMaaSを普及させるには、従来の既得権益や利害調整を進め、新たな価値や機能を提供することが必要です。例えば、従来型の交通サービスを提供する事業者にとっては、場合によって事業機会を失うことにもなります。それに関連して、既存の交通網を前提に高い評価を得ていた地権者が、地価の低下という憂き目に遭うことを予想してMaaSに反発するということも考えられます。

こうした権利問題の調整は、民間だけで解決できるものではなく、行政を巻き込んだ合意形成が必要です。そのため、強力なリーダーシップを有する首長や企業トップが求められるでしょう。

●準備するタイミング

MaaS自体はある種のコンセプトであり、具体的なサービスにかかる要件や必要な準備は異なります。移動に関する課題意識は多くの生活者が有しているため、MaaSの実現には段階的なアプローチが必要です。

5G環境を前提としたMaaSは、当初はシステムとしての独立性が高いドローンなどから普及が始まり、次に個別の交通手段の最適化、それらがベストミックスされるようなサービス、そしてMaaS向け汎用車両を用いた新たな交通・移動・運搬システムの展開が考えられます。

このうち、ドローンおよび個別の交通手段の最適化は、すでに4G／LTE環境でも検証が進んでいることから、NSAの環境でも一定の普及が考えられます。おそらく、幻滅期後半の2021～2022年ごろには、モバイル回線を用いたより安定的なドローンの制御が実現し、その用途を少しずつ広げることになりそうです。

こうした独立したシステム同士が連携し、実際の移動手段としてユーザーのニーズに合わせた形で提供されるようになるには、個別の技術要素とコミュニティ全体の両方が高い水準でセンシングできている必要があります。そのため、啓蒙活動期に入ったSAによる5G環境、つまり2023年以降に本格的な普及が始まると思われます。

なお、5Gと自動車そのものの接点という意味では、ADAS（先進運転支援システム）による能動安全技術がクラウド上に置かれたAIと5Gによって緊密に協調し、現状より高度な安全対策が施されたコネクテッドカーが2020年代後半に出現するかどうか、だと思われます。

●協業を検討すべきプレーヤー

MaaSやスマートシティの普及は、通信やソフトウェアといった技術要件の進化だけでなく、道路などの物理的なインフラの事情やその改修に伴う合意形成、さらにユーザーの受容度が大きく影響します。合意形成が進まない地域に関しては、場合によっては6G時代に入ってもMaaSが提供されないという可能性も否定できません。

そのため、合意形成を支援したり、ユーザーに納得感を与えられるような開発が可能なサービス事業者にも大きな期待が寄せられます。具体的には、ゲーミフィケーションのノウハウを持つ事業者や、高齢化するコミュニティを直接支えているような医療・介護事業者などです。正しい問題提起で合理的な意思決定を支援するという意味で、情報メディアや広告代理店の役割も大きいでしょう。

Column

新しい概念となる「ローカル5G」とは何か

Wi-Fiとの違い

ローカル5Gとは、企業や自治体の施設などに導入できる「自営の5G通信」です。建物や土地といった単位で区切られた限定エリアで、屋内で利用するという条件の下で免許の交付が予定されており、実現すると5Gを自営無線通信の手段として利用できます。

無線データ通信を自営で構築する際、従来はほとんどのケースでWi-Fiが使われてきました。その理由は、利用者が免許不要であること、一般ユーザーも使っているほどコモディティ化しているため費用が安いこと、設置が比較的簡単なことなどです。いまや日本全国あちこちで使われています。

しかし、Wi-Fiでは事足りない用途やニーズも、現場には数多く存在します。まず、Wi-Fiは通信品質が安定しないこと。特に空間が広く複雑になるほど、インターネットに接続する機器群に対してどういった性能のＷｉ－Ｆｉ基地局をどこに置いて、どのように運用・管理するのか、という問題が生じます。また、セキュリティなどの品質が担保できないこと。もちろんＷｉ－Ｆｉでもソリューションをきっちり作り込み、セキュリティ対策を万全に施すことは可能です。しかしそうすると、導入や運用にかかるコストは上昇し、設置もかなり難しくなります。こうしたＷｉ－Ｆｉの課題に対して、「そこそこのお値段だが高い品質」を提供する手段として期待されているのがローカル５Ｇです。

ローカル５Ｇで用いる技術は標準化されたもので、モバイル通信事業者が全国で提供する５Ｇサービスと概ね同じものです。広く普及していく５Ｇ技術を利用し、地域内や企業内の小規模なニーズにも対応できる通信環境を構築します。

その際、ユーザーが自ら免許を取得するだけでなく、システムインテグレーターやＣＡＴＶ事業者などに免許取得を代行させて、彼らが提供するシステムを利用することも可能です。また、大手モバイル通信事業者には免許が与えられないという制限も課されています。これは、５Ｇに従来とは異なる新たなプレーヤーを呼び込み、一層活性化させたいという総務省の意図によるものです。

このようにローカル５Ｇはいわば総務省が設計した５Ｇの「使い方」で、日本オリジナルと言えますが、似たようなコンセプトは海外でも少し出始めています。例えば米国ではもともと海軍のレーダー用に割り当てられていた３・５ＧＨｚ帯を民間と共用し、免許不要で柔軟に利用できるCBRS（市民ブロードバンド無線サービス）として普及を促進しています。すでにCBRSの5G利用は商用基地局の認可が始まっており、通信事業者だけでなくグーグルやCATV大手のコムキャストなども関心を寄せているようです。

日本ではローカル5G向けの周波数帯設計が概ね完了し、モバイル通信事業者向けに割り当てられた周波数帯と同じ、4・5GHz帯と28GHz帯の一部が切り出される形で割り当てられる予定です。そのうち、衛星通信などとの共用に向けた検討が完了した28・2GHz〜28・3GHzが、2019年中にも実証実験などの形で利用が始まる見込みです。より使いやすい周波数帯である4・5GHz帯の詳細設計も進んでいます。

ローカル5Gはなぜ期待されるのか

2019年に入ってから、ローカル5Gに関する話題が増えてきました。総務省で周波数帯の割当や免許交付に向けた要件が策定され、関心が高まっているようです。地域のデジタル・トランスフォーメーションに取り組んでいる方々を中心に、一部では「むしろローカル5Gこそ本命ではないか」といった期待の声も耳にします。

ローカル5Gが期待を集める一因は、条件に適合さえすれば、モバイル通信事業者が提供する5Gより簡単に利用できるということです。逆に言えば、簡単に利用できるようになることを目指した上で、ローカル5Gを安定して使ってもらうためにさまざまな利用制限を設けているというのが、総務省の狙いでもあります。

ローカル5Gは、モバイル通信事業者が提供する5Gを待たずに、ユーザーである事業者の意向で5G環境を構築することができる、ということです。これは、現場でのニーズが高まっているユーザーであればあるほど有難いはずで、3章で触れたユースケースで言えば、スマートハウスやスマートファクトリーなどが該当します。

こうしたニーズは、5G全体にとっても貴重なものです。一方で、用途や利用シーンは限定的であり、モバイル通信事業者が目指すような全国で均一の品質を維持したインフラづくりは必要ありません。むしろ、目の前の工場のデジタル・トランスフォーメーションを進めてくれさえすれば手段は何だっていいというのが本音でしょう。ローカル5Gによってニーズを確実に事業化できるのであれば、5G全体の普及も加速しそうです。

こうした特定用途だけでなく、一般ユーザーのブロードバンド利用にもローカル5Gを使えないか、という期待も存在します。特に、モバイルではなく家庭内での固定ブロードバンドの代替としてローカル5Gを用いれば、従来は費用対効果の観点から光ファイバーの設備投資が見送られていたルーラルエリア（地方部でも人口が少なかったり人口密度が低いエリア）でもブロードバンドを享受できるようになり、日本全体でよりインターネット利用が活発になることが期待されます。

こうした期待の背景にあるのが、ブロードバンドのユニバーサルサービス化です。これは広くあまねくサービス提供する（事業者が申し込みに応諾する）義務が生じるサービスで、さまざまな通信サービスの中で該当するのは固定電話のみです。モバイルや光ファイバーのブロードバンドは、ユニバーサルサービスの対象ではありません。

そのため、通信事業者の設備投資の評価によって、そもそも基地局が設置されていない、あるいは光ファイバーが提供されないといった地域が、日本の中では一定程度存在します。実際、新幹線の駅から自動車で20分ほど走った辺りには、もう光ファイバーが届いておらず、2019年時点でも固定電話回線を用いたADSLでの「低速ブロードバンド」を余儀なくされているというようなエリアも存在します。

問題は、ADSLサービスが徐々に終了しつつあることと、2025年以降は固定電話網のIP化が進められるということです。こうした中、光ファイバーのさらなる整備が期待されていますが、すべてを光ファイバーで提供することはどう考えても合理的ではありません。そこで、ローカル5Gがラストワンマイルを提供する役割を担い、ブロードバンドの普及を進められないかという期待があるのです。

こうしたエリアで5G環境を整備していくことは、単にインターネットの普及という側面だけでは推し量れない影響があります。本章のユースケースでも取り上げたコネクテッドカーや、6G時代に実現が期待される完全自動運転などを見据えると、遠からず準備が必要です。「ここから先はコネクテッドカー圏外です」というのでは、自動車として機能不全になってしまうかもしれません。

ローカル5Gが〝化ける〟ために必要なこと

ローカル5Gは、日本全土での5G普及が容易でないことが明らかになるにつれて、期待が高まっているように思えます。確かに、5Gは知れば知るほど、巨大過ぎるほどのスケールを有した社会基盤であり、産業装置です。5Gによるフルコネクテッドな世界はそう簡単に出来上がるものではないという現実と向かい合った時、より簡単に使えそうなローカル5Gは魅力あるものに見えてきます。

ローカル5Gには、幻滅期を突破する救世主としての期待も集まっているように思えます。2章では、5Gの普及を四つの時期に分けて解説しましたが、このうち5Gの普及を成功に導く上で最も重要なのは「幻滅期」の過ごし方です。多くの人が5Gに幻滅する時期に事業開発に取り組むという困難さを、果たしてローカル5Gは救ってくれるのでしょうか。

ローカル5Gの普及に向けた課題の筆頭は、「端末の不足」です。これはローカル5G

だけでなく、モバイル通信事業者が提供する5Gでも同様ですが、2019年時点ではまだ適した端末が見あたらず、あるのは一部の5G対応スマートフォンとCPEです。また、前述したスマートハウスやスマートファクトリーといったソリューション向けには、より多様な端末が5G対応を進める必要がありますが、需要が顕在化する兆しがなければ対応は進みません。すなわちローカル5Gも「鶏が先か、卵が先か」という問題に直面するわけで、解決に向けた見通しは立っていません

二つ目の課題は「屋外では使えない可能性が高い」ということです。総務省は先行する28GHz帯での利用について、あくまでローカル5Gは屋内限定であり、屋外での利用は認めない方針です。これは、屋外利用ではモバイル通信事業者との干渉が生じてしまうことと、干渉調整には高度な構築・運用技術が必要でローカル5Gの参入要件の難易度が急激に上昇してしまい、普及が進まなくなることなどが主な理由です。

この「屋外で使えない」という条件のままでは、前述した一般ユーザーのブロードバンド利用や、スマートファクトリー間でサプライチェーンを管理するための利用などに支障をきたします。すなわち、ローカル5Gのユースケースも制限されるということです。

2019年以降、4.5GHz帯というより使い勝手のいい周波数帯でローカル5Gを提供する方針について、総務省で検討が進められることになります。そのため、ローカル5Gに大きな期待を寄せる事業者からは、条件を緩和してほしい、そして4.5GHz

帯でのローカル5Gは屋内外利用を実現してほしいという声が、早くも上がっています。ただし一般的に考えて、使い勝手がいい周波数帯ではより一層干渉しやすくなり、技術的な調整の難易度が上がります。そのため、一方的に条件が緩和されるというのは考えにくいのが正直なところです。

そして、「開発者が少ない」というのも、ローカル5Gの課題の一つだと考えています。単純にエンジニアが少ないという日本社会全体の問題もあるのですが、その中でもネットワークエンジニアは時代の趨勢《すうせい》なのか、なかなか増えません。現役エンジニアたちは通信事業者や通信機器ベンダーの内部に在籍していることが多いため、所属先の外部で開発しづらいということでもあります。

こうした開発者不足は、それこそローカル5Gが期待される地方部において、より顕著な状況にあります。つまり需給ギャップが発生しているということです。有り体に言って、このままではローカル5Gはかけ声倒れになってしまいかねないとも思えます。ローカル5Gの普及には、地方部でのエンジニアリング能力を高めるための施策がセットで必要だと考えています。

ローカル5Gが、5G全体の活性化に向けて大きな可能性を有しているのは間違いありません。それゆえ、すでに現時点で見えている課題については、早急に手を打つ必要があります。もしかすると、それこそが「幻滅期」に必要な取り組みなのかもしれません。

4章

5Gビジネスを成功させる事業開発のコツ

この章で分かること

- 5Gを使った事業開発における注意点
- さらなる議論が必要なプライバシー問題について
- 5G関連の事業開発で求められる3つの重点
    - Ⅰ. 体験設計
    - Ⅱ. 行動科学
    - Ⅲ. 信頼構築
- 根本的に変わるユーザーとのかかわり方

ここまでの章では、期待の集まる5Gがどのように普及していくのか、そして関連ビジネスはどのように花開くのかを説明してきました。次は、実際に事業開発をする上で何が重要なのかを知り、行動に移す段階です。この章では、筆者が考える「5Gの力を最大限に活用する事業開発のコツ」をまとめていきます。

その前に、改めてこれまでの内容をラップアップしておきましょう。

前期の最重要課題は「幻滅期」の過ごし方

5Gを前提とした事業開発でまず知っておくべきなのは、これまで再三述べてきたように「5Gは普及の前期と後期で全く別モノである」という事実です。前期当初の2020年と、後期終盤の2029年では、とても同じことを話しているとは思えないほど、様相が変わっているでしょう。これは3Gや4Gの普及期でもそうでしたが、5Gはその変化が一層激しいものになるはずです。

その理由は2章で述べた通りですが、5Gが普及の中盤でNSAからSAへと切り替わること、屋外（モバイル）通信にとって4Gの完成度が極めて高いこと、一方で屋内（住宅やオフィス）のブロードバンド利用に5Gが期待されること、それによって中核となる事業者も変化するであろうことが、主な要因として挙げられます。

その上で、5Gを利用したビジネスの方向性や拡張性を決める最重要期は、2020〜2022年の「幻滅期」です。この時期をどう過ごすかが、5Gサービスを主体的に開発できるか、そしてその後の5G時代をリードできるかを決めることになります。

2020年は日本の5G商用化スタートの年ですが、サービス開始当初は「どこに行っても使えない」「いつまで経ってもスタートしない」という声が広がるはずです。日本より商用化がちょうど1年先行した米国や韓国でも似たような評判になっており、東京オリパラ大会が終わる夏ごろまでは、まさしく幻滅期のど真ん中にあるかもしれません。

様相に変化が生じるのは、おそらく2021年以降でしょう。5G対応版のiPhoneが2020年後半に発売されたとしても、スマートフォンの買い替えサイクルが3年以上に伸びている昨今、普及が進む2021年春ごろになってようやく「5Gを使ってみたらかなり高速だった」という声が聞こえてくるはずです。その時期には、都市部の郊外や地方での普及も少しずつ進み始めて、ようやく本当の5G元年を迎えることになります。

そんな幻滅期ですが、だからこそ、5Gサービスの事業開発に取り組む必要があります。例えばこの時期にリリース予定のアプリであれば、4Gだけでなく5Gの特徴を少しでも取り込んだ設計になっていることが期待されます。2022年ごろになって5Gの普及が本格化すると、4Gは少しずつ陳腐化していくことになりますが、それに伴って「4Gでしか意味のないアプリ」となると、仮に本質的な機能が変わらないにせよ、アプリとしての魅力が半減して見えてしまう可能性があります。

新たなサービスを生み出す側の事業者がユーザーとともに行動し、一緒に幻滅することが、その後に訪れる啓蒙活動期に求められるユーザー体験をつかむきっかけとなります。つまり、幻滅することもユーザー体験の一部なのです。

すでにこの兆候が見えるのが動画配信とゲーム分野です。2020年以降の両分野は、高精細やオンデマンド、テレビとスマートフォンの両方で楽しめる設計、新たに台頭するプラットフォームを念頭においたビジネスモデルなど、5Gの特徴を意識したサービスが中心となっていくはずです。

この時期の5Gでは、屋内用途の普及が同時並行、または先行する可能性があります。2019年8月にGSA（5G関連の機器メーカーで構成される業界団体）が発表した各メーカーの端末開発状況によると、スマートフォン（26種類）とCPE（26種類）が同数で並んでいます。一方で、屋外利用を前提とした端末であるはずのスマートフォンは、日本での売れ行きがあまり芳しくないサムスンとLG、米中貿易戦争の煽りを受けて通信事業者が積極的には調達しづらい中国勢で占められています。このため、「5Gは屋内でも楽しめる」という、これまであまり明確には言及されていない視点を取り込むことが必要です。

啓蒙活動期以降は社会の変化への対応が大事

幻滅期の次に訪れる啓蒙活動期（2023～2025年）は、5Gサービスが社会に大きく普及する本番です。幻滅期に比べればユーザーの受容度もインフラも、5Gサービスをはるかに提供しやすい環境になっています。

一方でこの時期の日本社会は、社会構造をはじめとした外部環境が大きく変化しています。原因となるのは、高齢化の進展、要介護者の増大、労働人口の減少、さまざまな格差の拡大などです。解決策として、コンパクトシティ、シェアリングの加速、移民の受け入れなども同時に台頭します。それらの結果として、社会全体の構造変化が起きているはずです。

こうした社会の変化は5Gとは関係なく起こるものであり、すでに予想もされているため、さまざまな準備が進んでいます。ただし、これらの社会課題は「ニーズの塊」のようなもので、5Gの普及にも強く影響を受けます。

例えば、日本の地方自治体の多くは、これから高齢化の進展による歳出増と労働人口の減少による歳入減のダブルパンチに見舞われます。そのため、コンパクトシティの実現は避けることのできないテーマで、すでにあちこちで具体的な準備が進んでいます。ところが、コンパクトシティ化に成功した地方都市は、現時点では多くありません。市民に対して引っ越しの強制はできませんし、公共交通機関、スーパー、病院といった都市機能を中心部に集約することも、設備投資や事業者の事業性判断の観点から容易ではないのです。

そこで、コミュニティや生活空間の課題解決に向けたスマートシティへの期待が高まっています。特に、現状の居住状況や都市構造をある程度維持しながら、移動が困難になる人やモノを低コストかつ高効率にサポートするというアプローチです。高齢化によって活動が低下した人間が、地域内のあちこちに分散して居住しているということは、どこで誰が何をしているのか、そしてその人が安全に暮らしているのかが分かりにくくなるということです。若かりし頃は通勤、子育て、買い物といったアクティビティのために毎日外出していた人も、仕事や子育てを終えて外出の習慣がなくなると、買い物も徐々に億劫になり、数日に一回、週に一回、月に一度の病院のついでに　と頻度が低下していきます。これまで何気なく無事を確認し合っていたご近所同士での安全確認ができなくなる結果、緊急事態への対応が遅れたり、家庭内でのトラブルが発覚せずに問題が拡大したり、さらには孤独死といった状況が発生します。これらは今日でも起きている問題ですが、抜本的な解決への筋道は見えておらず、問題は拡大の一途を続けています。

人間の尊厳が認められた人間らしい生活が社会の発展の基礎にあると考えれば、それを阻害するような問題の解決には、根源的かつ大きなニーズがあります。当初エンタメ目的で設置されたような機器も含めて、5Gでコネクテッド対応した家電製品やセンサーが、家庭内を常時モニタリングすることで、いざという時の異常を検出できます。それが社会システムと連携していれば、救急車を代替するタクシーやご近所の訪問といった社会全体のコストを抑制しながら問題を解決する方法を導き出すことができます。

事業開発の必要条件は「カスタマイズ指向」

5G普及の10年間を、黎明期＋ピーク期、幻滅期、啓蒙活動期、安定期と四つに分けた時、最初から最後まで一貫しているのは「カスタマイズ指向」ということです。

もとよりこれは、5G以前、すなわち現在すでに台頭しているトレンドです。そして今後も、おそらく変わらないのではないかと思います。5Gによってカスタマイズ指向が勃興するものではなく、すでにあるトレンドを5Gが強化するということです。さらに言えば、5G自体もカスタマイズ指向が強化されていくトレンドの中で、それに応える技術として普及が進むのかもしれません。

では、5G時代のカスタマイズ指向とは具体的に何なのでしょうか。一つは、付加価値のカスタマイズです。これは動画配信サービスやゲームなどですでに説明しましたが、自分が楽しみたいコンテンツや使いたい機能を、その時々のニーズに応じて使い分けるということです。

例えば週末の夜。家事も終わって子供たちも寝静まり、ゆとりのある時間がやってきました。冷蔵庫には冷えたビールとおつまみが少々。さて、ゆっくり映画でも楽しもうか、でも通常のSVODはHD品質の契約しかしていない……というシーンを考えてみてください。ここまで気分が盛り上がっていれば、ユーザーは「このタイミングにこの映画作品なら」と、追加で数百円払って4Kコンテンツを楽しむかもしれません。そういう準備は万端なのに、サービス側でそうしたニーズに対応できていないとしたら、ビジネス的には獲得できたかもしれない数百円の売上を得られなかった、つまり機会損失となります。

5G時代は、こうした事業機会を獲得することが重要なポイントになります。これまでユーザーは、サービス提供者側の論理でニーズを抑制されてきました。代表的なのはプラットフォーム事業者によるサービスやコンテンツの囲い込みです。しかし、すでにユーザーは囲い込みから軽々と脱出して、あちこちサービスを飛び回り始めています。

これは動画配信に限らずゲームも同様ですし、スマートハウス、流通(ショッピング)、モビリティの利用でも進んでいます。ユーザーはいろいろなものをその時々のニーズや気分で自由に組み合わせる。そうした行動様式をすでに体現しているのです。

本来は、それほど複雑な話ではありません。もともとユーザーのニーズは多様でうつろいやすいものでしたが、事業者側の都合で、こうした不定形のニーズに対応できていませんでした。それが5Gによって提供可能になる、ということです。グーグルやアマゾンといったプラットフォーム事業者が大きくそびえ立ち、彼らの都合でサービスが規定されていく中、5Gが実現するカスタマイズ指向のサービスがユーザーから受け入れられれば、プラットフォーム事業者の囲い込み戦略が古く見えるかもしれません。

もう一つは、計測のカスタマイズです。スマートファクトリーやスマートシティをはじめとして、5Gは巨大なセンサーネットワークであるという側面があります。しかもそのセンサーネットワークは、単に計測範囲が広がるというだけでなく、センシングするそれぞれの対象（生産機械、モノのトレーサビリティ、人間の動き）を、より個別に、精密かつ連続的に計測することができます。

その恩恵は、人間よりもむしろAIが直接的に享受することになるでしょう。センシングの精度が高まれば、計測対象の正常時の動作を分析的に理解できるようになります。そして正常時が分かるということは、そこから外れた異常値を検出することができますし、それを連続的に把握していれば、検知ではなく「異常発生の未来予測」が可能となります。いずれの場合も生産性向上に大きく寄与するでしょう。

そしてセンシングの精度向上によって、計測対象の個体差も理解できるようになります。同じメーカーが提供する同じ生産機械であったとしても、導入された時期や設置された場所によって稼働状況は異なりますし、それにより部品の劣化や消耗の違いも生じます。精密機械であればあるほど個体差は大きくなるので、メーカーが出荷した当時に設定した標準的な基準値ではなく、稼働している状況を踏まえた「その機械ならではの固有値」を探る必要があります。これは、「人間の平均体温は36度と言われるが、実は人によって結構異なる」というのと同じような話です。

こうした個体差を基にした異常値の検出や、稼働状況を予測するAIが、5Gによってその精度を向上させていきます。さらにセンサーネットワークの計測範囲が広がれば、より複雑な影響予測も可能になります。そしてその予測によって、業務の効率化や最適化を進められるようになるのです。

5G時代のビジネスモデルとプライバシー

社会課題を解決するというニーズを5Gサービスで解決し、ビジネスにつなげようとする時に、重要なポイントが二つあります。

一つはビジネスモデルです。一般のサービスのように、受益者が費用を負担するという構造は、社会課題の解決には必ずしもなじみません。そうしたサービスを必要とする人ほど、「そんなことに払うお金はない」とはねつけてしまい、良質なサービスは相応の費用負担ができる金銭的に余裕がある人に限られる、という構造が生まれる結果、5Gが格差拡大を助長していると後ろ指を刺されてしまうかもしれないのです。

例えばスマートハウスのようなサービスは、単に受益者に利するというだけではありません。家の中で人間が健康に暮らしているという事実を「家の外」から観測できれば、ある地域で用意すべき救急車の数を減らせるかもしれません。交通量がそれほど多くない地域に暮らす人々の健康状態がそこまで悪くないと分かれば、救急車を増やす代わりにタクシーの緊急対応を認める、というような代替策も浮かんできます。それによってコミュニティ全体で維持するべき公共財の負担を減らしたり、稼働率を向上させて公共財を活用する回転効率を高めることができるかもしれません。

だとすると、スマートハウスのビジネスモデルは、単に直接の受益者からサービス料を徴収するだけでなく、間接的な受益者であるコミュニティ全体が広く薄く負担する部分を増やす、ということに意味があるかもしれません。これが社会保障の考え方ですが、5Gのスマートハウスが社会福祉の品質や効率を高めるのであれば、こうした考え方のほうがむしろ自然でもあります。

このように、便益を直接と間接の両方で享受する受益者は誰か、それを正確に評価した上で適正なビジネスモデルは何か、という視点での検討が、5Gサービスの納得感を高めることになります。

ただし難しいのは、先行するビジネスモデルの枠組みとどのように擦り合わせるかということです。例えば社会保障の考え方に基づくビジネスモデルの導入は、地域住民に広く薄い費用負担を強いることになります。おそらく生活者目線では、社会保障負担の増額としか見えず、合意を得られにくいという可能性があります。5Gサービスがコミュニティ全体に利するというのであれば、全体の費用を中長期的にどの程度抑制するのか、結果としてそのコミュニティで暮らすすべての人間が人間らしい生活の質を維持できるのかを見極める視点が必要です。当然、シミュレーションであっても数値（例えば金額や便益のスコア）で表現できることが必要となるでしょう。

しかも、5Gは社会課題解決のためだけのインフラではなく、エンタメをはじめとした個人の楽しみのためにも使えます。この特徴を活かして、楽しみに使う部分は少しだけ多めに負担してもらい、社会全体で必要となる機能を支えるというような考え方が必要になりそうです。便益を考慮して緩やかな傾斜をつけながら、5Gインフラ自体を維持するためにかかる費用分の収益も捻出し、その便益として社会課題の解決に5Gを使ってもらう。このような発想が期待されます。たとえるなら、テレビの民放事業者が、日ごろはお笑い芸人が出演するバラエティ番組で収益を稼いでいるから、いざという時の災害や報道に備えられる、というような構造です。

もう一つはプライバシーです。本書で取り上げたユースケースの多くは、個人の行動に直接迫ったり、従来は明かされなかった住居内の生活を可視化するというものです。当然、プライバシーをどう守るかが重要なポイントになります。

一般論としては、プライバシーは守られるべきだという前提の上で、得られる便益とのトレードオフをユーザー自身が判断することが求められます。私生活のダダ漏れは困るけれど、自分の情報を出さなければ十分な水準の便益を得られないのだとしたら、便利さとプライバシーを比較して考える、ということです。

デジタル時代のプライバシーは、あまりにもたくさんの情報を取得可能なため、本当にそのサービスのために必要なのかをユーザー自身が分かりにくいということがあります。あるいは自分は本当にその便益を求めていたのかという判断を迫られ、半ば強引に事業者側に寄り切られるということもあります。使い始めたサービスの利用規約やプライバシーポリシーが途中で変更されても、使い続けたい限りはそう簡単には抗えないのです。これがデータプライバシーの課題です。

また、スマートハウスのような家庭内のサービスの場合、自分一人の判断だけでは足りないということもあります。手続きの都合上、世帯主がサービスの契約代表者であったとしても、それはあくまで手続きだけのこと。個々人のデータ収集を正当化するには、世帯主が家族の総意を取りまとめる必要がありますし、さらに言えばサービス事業者側にも家族全体（つまり一人ひとり）に対する配慮が求められます。ではどうすれば社会やユーザーの受容度を高められるのか。筆者なりに必要と思う方法を、本章の後半で詳しく述べます。

事業開発の重点I．体験設計

5Gを使ったサービスを設計し、それを事業として継続・拡大させる時、筆者が最も重要だと考えるのは体験の設計（エクスペリエンス・デザイン）です。

ここまで本書をお読みいただいた方はお気付きかもしれませんが、本書では全体にわたり、かなりの頻度で「ユーザー体験」という言葉を使ってきました。これは当初から強く意識していたことで、より良いユーザー体験をどのように実現するかが5G時代の要諦中の要諦になると、筆者は考えています。

ユーザー体験とは、ハードウェアやソフトウェアを通じて提供されるサービスを、ユーザー自身が主体的に経験することで得られる納得感を元に反復的に利用し、さらにサービスになじんでいくというプロセスを示します。もう少し簡単に言うならば、提供側のお仕着せではなく、ユーザーが自分で使いこなして自分のものにしていくサービスこそ良いサービスだ、という考え方です。

従来、こうした考え方はインターフェース設計の視点で取り組まれていました。しかしデジタルサービスが普及し、ユーザーが空間やサービスの中を自由に行き来するようになったことで、個別のインターフェースだけでなく、そのサービスを取り巻く周辺環境も含めたサービス体系全体の「体験」を設計する必要が生じています。

4Gまでのユーザー体験は、当然ながらスマートフォンアプリが主な接点でした。従って、アプリそのもののデザインだけでなく、アプリが使われるシーンを構想し、可能であればその利用シーンの体験をもデザインすることが期待されていました。例えばあるアプリを作ろうとする時、そのアプリが最も頻繁に使われるのは職場なのか、通勤途中の電車なのか、あるいはトイレの中なのか、そうした俯瞰的な視点に基づく設計が期待されました。

一方、5Gのユーザー体験はスマートフォンを飛び出します。住居やオフィス、あるいは屋外など、5Gネットワークと接続された入力装置（センサーやカメラ、マイク）と出力装置（ディスプレイ、スピーカー、機械）が空間のあらゆるところに配置され、それらがつながることで一つの体験を生み出すからです。そうしたユーザー体験をもたらす技術の概念が、1章で触れた「アンビエント・コンピューティング」です。

現在、その概念を最も分かりやすく実装した例が、Amazon Goのようなキャッシュレス決済を前提に設計された店舗だと筆者は考えています。現金支払いもできるものの、Amazon Goアプリに表示されるQRコードをゲートでかざせば、自由に商品を手に取りそのまま出ていくことができます。課金はアプリ内で処理されており、それ以上の手間は発生しません。

Amazon Goは、日本ではしばしば「無人店舗」と紹介されます。しかしこれはAmazon Goの本質を見誤った表現です。実際、米国のAmazon Go店舗には、在庫補充や棚の整理のためのスタッフや、酒類売場で身分証を確認する人たちが忙しく働いています。Amazon Goが実現した機能の本質は、店舗の無人化ではなく、決済（レジ打ち）という手続きを買い物から消失させたことにあるのです。その結果、「懐具合を気にして買い物する」というような感覚がかなり希薄になりますし、反対に本当に必要なものを吟味するようになるという効果もあります。

アマゾンがすごいのは、そんなAmazon Goという未知のお店とその体験を、何の違和感もなく実現させたところです。筆者が初めて体験してみた時、あたかも万引き犯のようにポケットの中にお菓子を入れても決済されるので、その瞬間は驚きました。が、せいぜいその程度で、後は何も考えずにいつもと同じような買い物に戻っていました。もちろん、Amazon Goでは大量のセンシングデバイスが買い物客の動きを詳細に追いかけ、高度に分析しています。しかし、そうしたカメラやセンサーのお化けのような店舗で散見される不自然さや違和感がほとんどありませんでした。

アンビエント・コンピューティングによって空間や環境の中にコンピュータが埋め込まれ、それが5Gによってネットワーク化されていくのは、まさにAmazon Goのような空間をあちこちに作り上げていくということに他なりません。彼らの取り組みから学ぶとしたら、ユーザー体験の設計という観点から留意すべきことがあります。一つは「単純」（シンプル）であることです。いくら便利であったとしても、たくさんの機能を実装して空間の中に不自然に埋め込んでは、ユーザーの混乱や不信感を招きます。人間は多様で複雑な存在ですが、ユーザーがある瞬間に必要と思うことはたった一つのはずで、その一つの機能に絞り込み、なおかつそれを感覚的に表現することが必要です。

次に「滑らか」（スムース）であることです。5Gによるアンビエント・コンピューティング自体はこれから始まる新しいものですが、それを新しいと考えるのはサービスを提供する事業者側の目線です。すでにユーザーは日常空間の中で縦横無尽に生活しており、5Gやアンビエントといった技術や概念と無関係に、さまざまなサービスを自分なりに組み合わせて使っています。

そして三つ目は「設計」（デザイン）が洗練されていること。ユーザーに新たな提案をしていく以上、違和感がなく気持ちよく使えるデザインでなければ、どんなに先進的な技術であっても、ユーザーからは選ばれません。そのためには、「なぜこのサービスが、この瞬間に、私（ユーザー）に対して提案されたのか、これを使うと何が起きるのか」ということを意識させない設計である必要があります。

また「類推的」（アナロジカル）であることも重要です。ユーザーが新しく提案された5Gサービスと対峙した時に、以前から知っている何かと類推・類比（アナロジー）として置き換えてみて、何ら違和感がない、ということです。例えばiPhoneが最初に出た時、多くの人は「パソコンのデスクトップ画面」を思い浮かべたと思います。それによってiPhoneは「手のひらの中に収まるパソコン」という認知を得ます。当時すでにパソコンは単なる道具ではなく、インターネットにつながって仕事やエンタメを楽しむための手段でした。iPhoneの画面デザインは、そうしたパソコンの能力すべてがすべて手のひらの中に入るということを予感させたのです。

実はこれは両刃の剣でもあります。iPhoneが登場した2008年、米国ではすでにパソコンやインターネットが普及しており、このアナロジーは直感に近いレベルで理解できたのだと思います。一方の日本では、パソコンは米国ほどには普及していませんでした。むしろ日本で当時普及していたのはいわゆるガラケーであり、ガラケーとの間に圧倒的な距離感があったiPhoneは当初日本ではあまり売れず、スマートフォンの普及も世界的に見て出遅れた実態があります。

初めて見たサービスに触れる瞬間、ユーザーは少なからず警戒心を抱きます。場合によってはそれを好奇心に転換し、自ら積極的に試してみるというのがイノベーターですが、スタンフォード大学の教授エベレット・M・ロジャースによって提唱されたイノベーター理論によれば、その割合はわずか2・5%です。新しいものに比較的反応が良いとされるアーリーアダプターを含めた残り97・5%と対峙するのであれば、ユーザーが慎重であるという前提に基づくアプローチが必要です。

その時、「初めて見たけれど何だか知っている気がする」という意識を喚起できれば、新たなサービスがどのような便益をもたらしてくれるのか、過去のサービスとの違いは何か、どのようなトレードオフが新たに求められているのか、ということをユーザーが直感で判断できます。逆に、これを明示的に説得しようとすると、失敗した時に「何だか難しい」「気持ち悪い」「怖い」という負の心理を形成しかねません。

これまでスマートフォンによって形成されてきた4Gのパラダイムが安定的であり、そして5Gの普及期間中は4Gのサービスが残る以上、アンビエントという新たな5Gのパラダイムとの間でユーザー体験のギャップが顕在化するはずです。だからこそ、5Gサービスは4Gサービス以上に、ユーザー体験を重視する必要があるのです。

事業開発の重点Ⅱ. 行動科学

体験設計の中核をなすのは行動科学の考え方です。行動科学とは、人間のさまざまな行動を科学的に分析し、そこから再現性のあるパターンやルールを見つけ出そうという学問領域です。心理学を出発点に、現在では経済学、医学、社会学などと多様な分野に広がりつつあります。

例えばコンビニの店舗レイアウトは、窓に面した場所に雑誌コーナーがあり、店の奥の方に飲料水、途中の棚に菓子類、レジの近くに惣菜とコーヒー、といったようにある決まったデザインがあり、系列や所在地が違っていても似通っています。これは、コンビニ店内を回遊する消費者の行動を分析し、満足度の高さと買い物数の増加とのバランスを考えた結果として生み出されたものです。

しかし私たち自身は、分析結果だと指摘されない限り、そんなことには気付きません。それは、コンビニの店舗レイアウトをすでに自然なものとして受け入れ、そこに違和感を覚えないからです。それだけ私たちが現状を受け入れ、親しんでいるという意味で、行動科学に基づいた優れたデザインだと言えます。

コンビニの店舗レイアウトが以前から安定的であるように、行動科学の知見はさまざまなサービスの現場に広く普及しています。そして今注目されているのは、店舗のようなハードウェアだけでなく、その中で展開するサービスを設計する際の行動科学の応用です。その一つがゲーミフィケーションです。多くの競合が存在する成熟した市場では、親しんでいるというだけでは連続的な消費行動につながりません。買い物であれば、単なる日常の購買行動だけではなく、消費者に「楽しい」「また来たい」と感じさせるための仕掛けを導入して店舗に好感を抱いてもらうことが必要です。

その方法として、購買体験があたかもゲームの一部であり、自分がその中のプレーヤーとして冒険や発見をしているかのように感じられるような店舗設計、サービス、そして付加機能の提案を一体的に進めるのが、購買におけるゲーミフィケーションです。3章でも触れた通り、「少しだけ遠かったり高かったりするけれど、在庫の多いお店で牛乳を買うと、ポイントが3倍もらえる」というのもその一種です。ユーザー側はポイント獲得や歩き回ることによる新たな発見といった楽しみを、事業者側は在庫やサプライチェーンの平準化による（より多くの消費者に牛乳を提供できるという）事業機会の拡大を、それぞれ獲得できます。

また、近年注目を集めているのが「ナッジ」です。ナッジとは「ひじなどで軽く突く」という意味の英語ですが、ごくわずかな刺激を与えてユーザーに何かを気付かせるということです。看板の内容や位置を少し変えただけで、ゴミの分別が急に進んだり、駅やバス停の行列が整ったという経験を多くの方々がしていると思います。これは、単に情報が整理されただけだと考えられがちです。しかし、情報の整理には目的があり、その目的を実現するための外部環境を含めてデザインし直したということなのです。

さんざん店探しをした挙げ句に何気なくレコメンデーションされたお店に入るというのも、たまたまタイミングが良かったことの結果論だとみなされがちです。しかし、「さんざん店探しをした人がたどり着きやすい場所と時間帯」が分析によって分かるとしたら、そこで配るチラシは配布率が高まるでしょうし、その近くに立地した飲食店は繁盛しそうです。

こうした行動変容や行動決定を促すために、従来は大々的な広告が用いられてきましたが、デジタル技術の発達により「騒がしい広告よりも適切なタイミングでのシンプルなメッセージ」や「ユーザーが以前から知っている納得感の高いアプローチ」を実現することができるようになりました。ナッジが持つそうした潜在能力を、マーケティングはもとより、環境問題や社会保障問題などの社会課題解決にも用いようとする取り組みが現在進んでいます。

ゲーミフィケーションやナッジを実現する技術的なアプローチとして重要なのが「プリフェッチ」です。元はWebサービスを開発する技術の一つで、ユーザーの行動を先回りしてシステムを最適化するというものです。例えばスマートフォンで「レストラン」と検索した時、ユーザーは検索エンジンに「レストラン」という言葉（クエリー）しか入力していないのに、なぜか自分の現在地に近いレストランが出てきます。しかも、夕方であればディナー用のお店を、昼前後であればランチに適したレストランを検索結果として表示します。このように、スマートフォン時代の検索エンジンが、入力される言葉だけでなく、位置情報や時間の情報、さらには同一アカウントやそれに似たタイプの人の直近の検索履歴などを参考にしているからです。すなわちプリフェッチはすでにナッジを実装しているということでもあり、私たちはナッジという技術を利用しているということでもあるのです。

もちろん、現在のプリフェッチは、より高度化しています。先ほど、「さんざん店探しをした人がたどり着きやすい場所と時間帯が分析によって分かるとしたら」と書きましたが、このモニタリングと分析はまさしくスマートフォンによって実現した到達点の一つです。実際、グーグルでレストランを検索すると、その時点の混雑状況を予測して示します。これは店舗から情報提供を受けたのではなく（そういうケースもあるかもしれませんが）、グーグル自身が位置・時間・ユーザーの嗜好などを連続的に取得し、それを分析した結果のはずです。

こうした技術の精度を、5Gサービスはさらに高度化します。逆に言えば、5Gサービスは行動科学の考え方を取り込むことで、4Gサービスとの違いを明確にするのと同時に、新しい体験や事業機会を自然な形で提供できるのです。

事業開発の重点III．信頼構築

5Gサービスは、ユーザー個人にフォーカスし、一人ひとりを社会に調和させていくことを目指します。そして、4Gサービスでその接点となっていたスマートフォンが、5Gではアンビエント・コンピューティングによって空間に溶け込んでいきます。そしてそれらは、体験設計と行動科学によって最適化されます。

これらが高いレベルで実現し、具体的に機能する時、ユーザーはもはや5Gの存在に（またはサービスの存在そのものさえ）気付かなくなるかもしれません。私たちが少し前に立ち寄ったコンビニで買ったものを正確には思い出せないように、ユーザーにとってあまりに違和感がなくなると、その行動がたとえ購買であったとしても自覚しにくくなるのです。

一方、空間の中のユーザーの行動は、大量かつ精緻にデータ化されます。そのデータを取得しているのは一時的にはサービスを提供する事業者ですが、5Gが店と店、街と街をつないでいく技術であることから、ユーザーに関するデータは流通していきます。

先般、データプライバシーに対する意識は世界的に高まっています。発端は欧州が制定した一般データ保護規則（以下、GDPR）ですが、その影響は欧州にとどまらず、GAFAをはじめとした米国のプラットフォーム事業者にもおよんでいます。日本の個人情報保護法も、制定の背景として欧州のデータ保護政策を参照していたことと、日欧間でのデータ越境を実現するため、GDPR水準に引き上げること（十分性認定）を両国政府間で合意しています。

GDPRの精神に倣うと、ユーザーの機微に関する情報を取得することや、パーソナルデータを流通させることは、制限されるべきという考え方になります。とりわけ流通に関しては、それをパーソナルデータとして厳格に管理することと、ユーザーから明確な同意があることが前提条件となります。だとすると、GDPRが席巻する時代と、5G時代のデータ流通は、ともすると対立しかねません。その対立を回避し、健全に5Gサービスを発展させるために、事業開発の段階からセキュリティとプライバシーに留意する必要があります。

セキュリティで特に意識したいのは、本人確認や認証の徹底による「トラストの構築」です。5Gはサイバー(インターネット)とフィジカル(身体や空間)を直接結びつける結節点になります。その結節点がデタラメな状態だと、サイバースペースで勝手に他人のふりをしたり、その悪影響がフィジカル(身体)に戻ってくる、というような問題が生じます。そしてサイバーとフィジカルの両方で信頼感が失われる時、「これは使い物にならない」と排除されるならまだしも、実際は「ユーザーも事業者も騙され続けて重大な間違いを犯す」ということになりかねません。すでにこれは、フェイクニュースによる政治への悪影響という形で、海外では深刻な問題になっています。

だからこそ、それを回避するために、人やモノ、あるいはそれらを内包する空間の状況に関するデータの正しさを確保するトラストへの関心が高まっています。そして5Gサービスの構想が世界的に進み始めた今、改めてトラストを誰がどのように構築・運用するのかが問われています。

データセキュリティの世界では、以前から機密性(Confidentiality)、真正性(Integrity)、可用性(Availability)、略してCIAが重要であると言われてきました。機密性は無許可のアクセスからデータを確実に守ること、真正性はデータの正確性や完全性を守ること、可用性は許可されたユーザーであればデータに正しくアクセスできることです。そしてこれらCIAが実現するのは、サイバーとフィジカルを結びつける際の「確からしさ」です。5Gより私たちの生活に寄り添っていく以上、5Gを使ったサービスはこれまでより高いレベルでＣＩＡの意識を強め、トラスト構築を進める必要があります。

一方、プライバシーへの対応で重要になるのは、「ユーザーの納得感」です。具体的には、どのように通知と同意を取得するか、そしてユーザーがイヤだと思ったことにどれだけ真摯に対応できるかが問われます。

例えば２０１９年の夏、リクルートキャリアが運営する新卒学生向け求人サイト「リクナビ」の問題が明らかになりました。ユーザーである学生に事実上無許可で、当該学生の推定される内定辞退率を、もう片方のユーザーである企業に渡していたのが問題視されたのです。リクナビの問題は、学生ユーザーと企業のデータが明確に切り分けられていなかったこと、そのような状態で分析結果が企業に渡ってしまったこと、職業安定法で規定されている本人関与の不足、過去の学生の動態を学習データにしたプロファイリングへの影響など多岐にわたっており、個人情報保護委員会、公正取引委員会、そして厚生労働省が行政指導を行っています。

彼らを反面教師にして５Ｇサービスの事業開発で注意したいのは、やはり「ユーザーが理解し、納得して、同意しているのか」ということです。前述の「体験設計」でも触れた通り、５Ｇサービスはさまざまなセンシングデバイスを用いて、ユーザー自身やその周辺に関するデータを大量に取得し、それを基にサービスの最適化を目指すことが基本的な構造となります。しかしそれはユーザーからすると、目的が分からないのに自分に関するデータをたくさん取得されてしまっている、と警戒されかねないということです。

その際、ユーザーに納得してもらうためには、目的をできるだけ詳細に定義すること、その達成のために必要なアーキテクチャやデータ分析の方法をサービスの設計段階から明確化すること(プライバシー・バイ・デザインの実践)、データに関する管理の考え方を説明すること、不要なデータは捨てることなどが必要です。当然、策定するポリシーはできるだけ分かりやすく記述し、ユーザーが理解しやすい状態にしておくことも大切です。そうした説明やアセスメントを重ねるうちに、もしかすると特定の個人を識別する以外の方法で、サービスを提供する方法を見つけられるかもしれません。

また、5Gサービスはスマートフォンやパソコンの「画面の外側」に飛び出していくのが大きな特徴です。裏を返せば、ユーザーから見てサービス内容や事業者の動態が予想しづらくなります。実空間の中に融合していくわけですから、スマートフォンアプリのように「最終的には使わなければいい」という選択肢もなくなり、ユーザーは5Gサービスから逃れられないという局面も出てくるでしょう。

その時に重要なのは、ユーザーが事実上拒否できないことを前提に、横柄なことを突きつけないという姿勢です。ユーザーにとってサービス提供者側が優越的である場合、ユーザーが拒否できないという立場の違いを悪用(優越的地位の濫用)することはご法度中のご法度です。通常であればユーザーが易々とは同意しないであろう無理筋のサービスを強要するということは、契約行為として不当であったり、独占禁止法に抵触する可能性もあります。何よりユーザーからの信頼を失いかねません。

5G時代は、4Gまでのサービスとは比べものにならないほど、多種多様なデータを大量に取得できるようになります。そして空間の中にコンピューティングが広がる以上、否応なしにユーザーにさせられる瞬間も出てくることが予想されます。だからこそサービスを提供する側がユーザーから納得感を得るために必要なことを、常に考える必要があるのです。

顧客とのエンゲージメントが変わる

5Gの根幹が新しいユーザー体験の開発にあることを、本書全体を通じて説明してきました。だとすると、新しいユーザー体験には、それがもたらす新しい価値が必要です。

5Gは、これまで事業者の都合で決められていたサービス提供方法をより自由にします。観たい映画は数本なのに、なぜ月額課金されなければならないのか。たまに高品質のインターネット接続を利用したいだけなのに、どうして高いプランに入り続けなければならないのか。これまではサービス提供側の都合が優先してしまい、どうしてもこういう声は「消費者のわがまま」として片付けられてきたきらいがあります。

その背景にあるのは、通信サービスが一つのインフラを多数で使う「共用」によって成立していたということです。みんなで使うインフラなので、個々のユーザーも全体のインフラのことを多少なりとも考慮しなければならない。このような発想の下、どこかで我慢を強いられてきたということです。

5Gはこれを少しずつ緩和し、ユーザーを解放していきます。そもそもの通信性能の高さはもちろん、多数同時接続やネットワーク・スライシングという機能により、多様なユーザーニーズを許容するということです。その結果として、かつてはわがままと言われたことが、わがままでなくなっていくのが5Gが提供する根源的な価値なのです。

使いたいように使ってもらう。きめ細やかに対応する。こうした5Gの価値は、おそらくさまざまビジネスモデルを変えていくことになります。

課金は「収益還元法」が主流に？

現在、巷を席巻しているプラットフォーム事業者の基本戦略は「ユーザーとコンテンツの囲い込み」です。しかしきめ細やかなニーズへの対応可能性が高まる時、囲い込みはユーザーにとって邪魔でしかなくなります。ユーザーは今後どんどん気軽にサービスを乗り換え、その時々で必要なものを選んでいくようになるでしょう。

これをビジネスモデルに置き換えてみると、例えばサブスクリプションによるサービス提供は、おそらく4Gサービスが成熟した向こう1～2年がピークで、その先は少しずつ選ばれなくなっていくでしょう。現時点ではなじみのある課金の方法ですが、すでにユーザーは「拘束されている」という感覚を持っているはずですから、一度反旗を翻されると、ユーザー離れは早いかもしれません。

反対に、都度払い（リカード）によるサービス提供は、5Gサービスの基本の一つとなるでしょう。きめ細やかなニーズへの対応には、当然相応の対価が必要となります。単なる見かけ上のお得感ではなく、本当の価値を認めたユーザーが、サービスを選んでいくことになります。

こうした考え方を「収益還元法」と言い、不動産業界などでよく用いられています。不動産売買において、その土地が生み出す収益を予想して、そこから土地の価格を割り出すというものです。例えば、ギンザシックスという高級デパートには1杯1万円のコーヒーを出すカフェがありますが、その近くには1杯300円程度で飲めるスターバックスがあり、さらに少しだけ歩けば1杯100円のコンビニがあります。しかしこれらは競合しているわけでなく、それぞれの価値を認めた消費者に支持されて、それぞれのサービスが成立しています。そしてそれぞれの収益が、それぞれの物件の価格を決めている、ということです。

収益還元法の考え方は、5Gサービスでは重要さを増していきます。逆に言えば、5Gでより付加価値の高いサービスを提供するには、価値と価格のバランスをユーザーに納得してもらう必要があります。

B2B2Xの関係性

通信事業者は、こうしたトレンドを見越して、以前から「B2B2X」という言い方をしてきました。B2X（代表的にはB2Cサービス）を担う事業者を支えるインフラを作り出すということで、書き換えるとB2（B2X）という構造になるでしょう。

このようにカッコ付けをしてみるとお分かりいただけるように、これはいささか通信事業者目線の話です。大事なのはB2X企業が5GでX（消費者、評価者、その他を含めたサービス利用側のステークホルダー）に対してどんな価値を提供し、価格を含めて納得してもらえるか、ということです。

ここでようやく、本書が「ユーザー」という言葉を使い続けてきた理由を説明しましょう。通常なら「利用者、契約者、消費者」といった言い方をするところです。しかし本書であえて「ユーザー」と言ってきたのは、サービスを利用する主体は、5G時代にいろいろと変化するからなのです。ある時は利用者であり、ある時は契約者であり、そして消費者であり、顧客、お得意、一見さん、評価者、被評価者、市民、コミュニティのメンバー、親、労働者である……ということなのです。

私たちはそうした多様なペルソナを日常生活の中で使い分けながら生きています。それが社会で生きるということでもあり、それから逃れることはできません。

一方、5Gサービスは4Gと違って、日常生活に溶け込んでいきます。ということは、私たちのペルソナの使い分けに、5Gサービスも寄り添う必要があるということです。スマートフォンのスクリーンという窓の中に押し込められていた4Gサービスは、ある意味で画一的なペルソナ像をユーザーに強いていました。それに比べると、5Gサービスにおける利用主体の考え方ははるかに多様です。

とはいえ、使い分けられたペルソナをサービスの提供側が識別し、ペルソナの変化にサービスが寄り添うことはとても難しいのが現実です。何しろ当の私たち自身が必ずしも確実には使い分けられていませんし、あえて違うペルソナを使うということもあります。たとえるなら、年下の上長と年上の部下の関係に近いかもしれません。普段は先輩として敬意を払いながらも、必要に応じて責任者としての態度や振る舞いが必要になる、というようなことです。

だからこそ、そのサービスを使う人、サービスによって便益を受ける人が、どのようにそのサービスを使うのか、というところまで設計する必要があります。これが、行動科学によるユーザー体験です。

これを実現するには、サービス提供の中でトライアンドエラーを繰り返すことが必要です。従って5Gサービスは、現在ソフトウェアの開発・運用手法として定着し始めているDevOps(デブオプス)、すなわち「開発しながら運用し、運用のフィードバックを開発に活かす」というアプローチが、これまで以上に重要になります。

垣根を越えることが最大の価値

これまで、私たちの周りにはさまざまな垣根がありました。例えばインターネットとテレビです。動画配信サービスの普及によって、両者の違いは小さくなってきています。しかし、双方のコンテンツが乗り入れていなかったり、同じコンテンツなのに視聴条件が異なったりと、両方を楽しめば楽しむほど、小さいけれど埋まらない溝のような違和感を覚えます。

それぞれの事業者の言い分は分かりますし、特に筆者はそれらの産業を手伝うコンサルタントでもあるので、事情は痛いほど理解できます。しかし、そうした事情が果たしてこれからの社会で受け入れられるのか。5G時代を控えて、そろそろ真剣に考える必要がありそうです。

所有と利用も、考えてみれば区分するのが少しおかしいかもしれません。このところ、よく両者を対比して「所有から利用へ」というスローガンを耳にします。しかし本当に必要なのは、所有や利用という区分の整理や、どちらかの比重を高めるということではないはずです。むしろ両者を適切に使いこなして、より良い生活を送ることが求められています。

自家用車を持っている人だって、大人数でスキーに行くなら、レンタカーでスタッドレスの付いたミニバンを借りたほうが合理的です。いつもは図書館で本を借りている人も、思い入れがある本は購入して手元に置いておくことには納得感があるはずです。そして私たちはそれらを当たり前のこととして、日々実践しているのです。

前述の月額課金と都度払いも、そもそも「どちらか一方しかない」というのが違和感の根源にあると思います。もちろん多くの消費者は「安いほうがいい」と考えるものですが、一方で消費者は納得できるもの、自覚しないほど習慣化しているものには対価を払うもので、ビジネスモデルの構造だけでサービスを選んでいるわけではありません。

便益と対価の交換は、本来であればもっと科学的アプローチが進むべき領域です。実際、マーケティング先進国のアメリカでは、さまざまなビジネスモデルが開発され、成長のエンジンとなっています。残念ながら日本の企業社会では「マーケティング=広告」という図式のせいか、製品の価値、社会への意義、消費者の納得感といったサービスの本質から考える事業開発が欠けているようにも思えます。5G時代には、そうしたパラダイムは古びたものになってしまいそうです。

このように、対立構造として見立てたり考えたりすることがおかしいはずなのに、どうにもうまく融合しないということが、これまでいろいろありました。デジタル・トランスフォーメーションが進むと、そうした溝や垣根はこれまで以上に可視化され、ユーザフレンドリーでないサービスは最終的に退場させられるでしょう。

5Gは、こうした溝を埋め、垣根を乗り越えていく、大きな助けとなるはずです。それは5Gがこれまでの4G環境、すなわちスマートフォンに閉じ込められたインターネットを、より広範な生活空間に広げていく技術的な可能性を秘めているからです。

そして5Gは、あらゆるテクノロジーを包摂していくかもしれません。Wi-Fiや固定ブロードバンドを取り込み、アナログのデジタル化を促進し、サービスのデジタル化を加速する。こうした役割を期待されているのです。もちろんこれは、モバイル産業が他の産業を飲み込んでいくということを必ずしも意味しません。本書で明らかにした通り、5Gは個人ユーザーのモバイル利用だけでなく、家庭やオフィスといった屋内、そして街全体に広がっていきます。これまでのモバイル産業の構造だけでは、もはや抱えきれなくなる可能性があるのです。

むしろ、そうした時代において、モバイルとそれ以外、あるいは通信とそれ以外といった縦割りの産業区分は、社会が望むイノベーションへの圧力の前に崩れていくでしょう。そうした区分も、ユーザーに便益をもたらさない「溝や垣根」だからです。そして、そんな時代だからこそ、先ほどのB2B2Xで言えば、Xそのものとのエンゲージメントを有するB2Xがますます重要になります。

5Gは待っていても来ない

ここまで、5Gの事業開発について考えるべき論点を書いてきました。しかし最も大事なことが一つ残っています。それは、5Gは待っていても来ない、ということです。

これまで触れてきた通り、5Gサービスを作り出すのは、これまでデジタルやインターネットとは無縁だった事業者たちを含めたあらゆるサービス提供者であり、さらに言えばもはや事業者という姿をしていないような何らかのゆるやかな価値提供の担い手かもしれません。そうした人たちが、正しいアプローチでサービスを作らない限り、5Gが社会全体から受け入れられることはないでしょう。

もたついている場合ではありません。すでに5G時代の事業開発競争の幕は切って落とされました。その競争は、それぞれが目の前の（ドメスティックな）社会やコミュニティを意識しながら、もう片方では人間のためのサービス開発を競い合う国際競争でもあります。5Gはこれから始まるデジタル・トランスフォーメーションによる大きな社会変革の第一歩に過ぎず、本番はむしろ5G以降と言えます。だからこそ、今から始めておかないと、いつまで経っても未来は訪れません。

そんな、未来に価値を届ける5Gサービスの担い手には、5Gサービスを作ること以上に、5Gサービスの開発を通じて人々、とりわけ次の世代にとってより良い社会を作ることが期待されています。そのために取り組むべきことは山ほどありますが、技術的な特徴だけにとらわれていては、5Gは単なる壮大な実験で終わってしまいます。5Gによる社会変革の機会を無駄に損失しては、その後は停滞を余儀なくされ、国際競争力も失いかねません。

5Gの技術要件が組み合わさることによって、提供できる社会への価値の本質を見定めること、そして何より、より良い社会を作るために何が求められているのかを考え抜かなければなりません。

それこそが、5G時代の事業開発の要諦であり、5Gを使ったビジネスに取り組む意義なのです。

おわりに

本書は、5Gサービスが人間の社会生活にもたらす特徴や影響を踏まえながら、ビジネスとして5Gとどのように向かい合うべきかを、5Gで事業開発を試みる方々を念頭に置きながら説明してきました。

もしかすると、本書を手に取られた時の予想とは少し違う読後感かもしれません。特に「幻滅期」などという、やや刺激的な言葉を使っているあたり、これまでの解説書とは趣旨が異なる部分もあろうかと思います。

当然ですが、「これが5Gビジネスのすべてだ」などと豪語するつもりはありません。筆者としては、これまでコンサルタントとして通信産業やデータビジネスと向かい合ってきた経験を踏まえて現時点の見通しを書いたつもりです。楽観的な見通しに対しては想定以上に大きな事業機会が生まれるように願っていますし、悲観的な見通しは外れてほしいとも思っています。

5Gビジネスを成功に導く出発点は、5Gとは何かを改めてよく知ることです。そしてそのためには、5Gにできることとできないことという、いわば5Gの理想と現実を見極めながら、5Gを適切に使い倒すことが大切です。5Gの可能性を広げるようなビジネスを検討するための「とっかかり」として、本書が皆さんの一助になれば幸いです。

筆者自身は、5Gが作り出す新たなサービスの潜在能力を考えるうちに、「これは必ずしも5Gに限った話ではない」と感じています。2020年代は、日本社会はもちろん、世界全体でも、ユーザーのライフスタイルやそれに伴うニーズ、社会的な課題が大きく変化するからです。特にビジネスという観点では、サプライヤー側の事情ではなく、ユーザーニーズのほうがより大きな影響を与えるでしょう。

ユーザーが変化し、それによって5G自体も変化する。そうした複雑な変化に寄り添いながらも、事業開発を進めなければならない。だからこそ、ユーザーが5Gをどのように使いこなしていくかをつぶさに見続けて、事業開発に取り組む必要があります。おそらくそれは、デジタル・トランスフォーメーションの営みそのものでしょう。

だからこそ、本書では論点を絞ることに苦労しました。GAFAは5Gとどう向かい合うのか、通信事業者は5Gの時代も存在理由を保つことができるのか、人々はスマートシティをはじめとした包括的なソリューションを本当に受け入れられるのか……。考えるべき論点は山ほどあります。おそらくどこかのタイミングで、状況を見直す必要があると思っています。

文末となりましたが、本書の執筆にあたってご協力いただいた皆さんに、御礼を申し上げたいと思います。

まず、日経BPの中川ヒロミさんと伊藤健吾さんは、論点が発散しがちで、業務であちこち飛び回ってしばしば行方不明になってしまう筆者を粘り強く励ましながら、執筆を支えてくれました。そもそも執筆のきっかけを与えてくださったのは日本経済新聞社の堀越功さん（日経コミュニケーション時代に筆者の連載を担当してくれた記者でもあります）であり、ディスカッションに付き合ってくださった情報通信総合研究所の岸田重行さんです。また、筆者の思いつきに、業務の合間を割いて議論に付き合ってくれたり、執筆時間を作ってくれたのは、株式会社企（くわだて）の仲間たちです。そして、夏休みの期間も我慢して執筆の時間を与えてくれた私の家族や、ここに挙げられなかった方々も含め、ご支援いただいたすべての方に感謝申し上げます。

本書をきっかけに、より多くの方が5Gを使った事業開発を進め、日本や世界の未来を楽しいものにしていただけることを願いつつ、筆を置きたいと思います。

著者略歴

クロサカ タツヤ

慶應義塾大学大学院（政策・メディア研究科）修士課程修了。学生時代からインターネットビジネスの企画設計を手がけ、卒業後は三菱総合研究所にて情報通信事業のコンサルティングや国内外の政策分析に従事。2008年に株式会社企（くわだて）を設立。現在は同社代表取締役として、通信・放送セクターの経営戦略や事業開発のコンサルティング、官公庁プロジェクトの支援を実施するほか、総務省、経済産業省、国土交通省などの政府委員を歴任。2016年より慶應義塾大学大学院政策・メディア研究科特任准教授を兼務。

5Gでビジネスはどう変わるのか

2019年11月18日　第1版第1刷発行
2019年12月13日　第1版第3刷発行

著　者　クロサカタツヤ
発行者　村上広樹
発　行　日経BP
発　売　日経BPマーケティング
〒105-8308　東京都港区虎ノ門4-3-12
URL　https://www.nikkeibp.co.jp/books/
装　幀　tobufune
編　集　伊藤健吾
制　作　Quomodo DESIGN
印刷・製本　中央精版印刷株式会社

本書に関するお問い合わせ、ご連絡は下記にて承ります。
https://nkbp.jp/booksQA

ISBN 978-4-8222-8992-8
2019 Printed in Japan